KB074908

내 아이를 위한

500권 육아 공부

'다독맘'의 10년 독서 압축 솔루션

내 아이를 위한 500권 육아 공부

우정숙 지음

| 프롤로그 |

500권을 관통하는 육아 불변의 법칙

아이를 갖기 전 나는 10년도 넘게 일 중독자처럼 살았다. 누가 시킨 것도 아닌데 24시간 내내 일만 생각하다시피 했다. 그런 열정 덕분에 업무 능력을 인정받아 승진을 거듭했고, 36세에 외국계 회사의 이사가 되었다.

그렇게 일만 바라보던 내가 마흔에 엄마가 되었다. 한 번의 유산 후 어렵게 가진 아이였다. 아이를 보고 있자면 가슴이 벅차올랐다. 내 품에 안겨 천사 같은 얼굴로 잠들어 있는 아이의 체온을 느끼면 온 세상을 다 가진 듯 뿌듯하고, 행복했다. 그렇게 큰 기쁨을 주는 소중한 아이를 위해 내가 줄 수 있는 모든 걸 주고 싶었다. 직장에서 업무 능력을 발휘했던 것처럼 육아도 문제없이 잘 해낼 수 있을 거라 자신만만했다. 전문가들이 쓴 자녀 교육서와 아이를 성공적으로 키운 선배 부모들의 육아서를 쌓아놓고 읽으며 '내 아이를 위한 최선'을 알아내려 애썼고, 핵심적인 내용은 실천에 옮겼다.

그런 노력 덕분에 기질적으로 예민하고 불안도가 높았던 아이는 열 살에 회복탄력성과 긍정성, 용기를 강점 역량으로 진단받을 만큼 정서적으로 안정되었다. 아홉 살 무렵부터는 인문고전도 스스로 찾아 읽을 만큼 독서를 즐긴다. 겁이 많은 편이지만 '두려워도 일단 부딪혀보겠다'라는 태도를 가진 아이로 커가고 있다. 하지만 이론이 아닌 실전에서 성공담만 있을 수는 없는 법이다. 책대로, 전문가의 말대로 되지 않아서 좌절감과 무능감을 느낄 때도 많았다. 좋은 엄마가 되고 싶지만, 나로도 살고 싶은 욕구를 억누르기 힘들어 힘겨울 때도 있었다.

이 책에는 육아서 500권을 관통하는 육아 불변의 원칙과 10년의 실전 육아 경험이 응축되어 있다. 육아서와 전문가의 말을 신봉하다가 처참하게 무너진 실패담도 가감 없이 꺼내놓았다. 절대 미화하거나 과장하거나 축소하지 않고 날 것 그대로를 나누겠다는 원칙을 세웠고, 그 원칙을 지켰다. 시행착오도 아이의 참모습을 발견하기 위한 소중한 과정이었다고 생각하기 때문이다. 처음 가보는 엄마의 길에서 어두운 동굴 속을 헤매는 것처럼 막막함과 두려움을 느낄 때도 있었지만 아이가 어느 정도 크고 나니 이제야 많은 것이 보인다.

책을 스승 삼아 엄마 노릇을 잘해보려던 지난 10년의 육아 과정에서 아이는 모두 다르고 부모도 다 다르다는 것을 깨달았다. 아이 모습을 있는 그대로 존중하고 지지하는 것이 '내 아이를 위한 최고의 육아법'이라는 걸 절감했다. 책을 참고하되 답은 내 아이 안에서 찾는 것이 최선이었다. 아이를 사랑하는 마음으로 낯설고 힘든 육아의 길을 꿋꿋이 걸어가고 있는 이 땅의 엄마들에게 나의 육아 분투기가 도움을 줄 수 있기를 간절히 소망한다.

차례

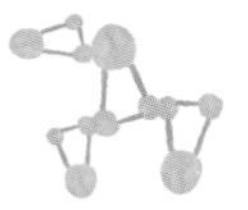

3장 아이 마음 근육을 키우라고 해서

4장 일상이 놀이가 되면 육아가 쉬워진다고 해서

5장 세상을 여행하면 사회성이 발달한다고 해서

6장 엄마의 말하기가 중요하다고 해서

7장 외롭다면 공동 육아가 답이라고 해서

8장 책을 읽어야 공부머리가 자란다고 해서

1장

세 살까지는 엄마가 보살피라고 해서

01

육아에 정답이 있기는 한 걸까

육아 전문 기자이자 《최강의 육아》 저자인 트레이시 커크로는 엄마가 되자 일반적인 아이가 아닌 '자신의 아이'는 어떻게 키워야 할지 갈피를 못 잡았다고 한다. 누구보다 많은 육아서, 논문, 강연을 찾아보고, 인터넷을 헤맸단다. 그녀는 오랜 방황 끝에 결국 직접 키워보는 수밖에 없다는 결론을 내렸다고 한다.

나도 아이의 몸과 마음을 건강하게 키우는 좋은 엄마가 되고 싶었다. 트레이시 커크로처럼 나 역시 임신과 동시에 양육에 관한 책부터 사들였다. 수십 권의 책을 쌓아놓고 읽으며 '최고의 엄마'가

될 만반의 준비를 했다. 하지만 '완벽한 엄마'가 이룰 수 없는 꿈이라는 걸 깨닫기까지 그리 오랜 시간이 걸리지 않았다. 육아서대로 되는 육아는 어디에도 없었다. 시시때때로 좌절을 맛보아야 했다.

지나친 지식은 적절한 도움을 주기보다는 혼란을 가중했다. 똑같은 상황에 관해 전문가들이 주장하는 바가 상반된 경우가 적지 않았다. 육아하는 내내 어떤 육아법이 맞는 것인지, 누구의 주장이 옳은지, 내가 잘하고 있는 것인지 종잡을 수가 없었다. 정답을 못 찾고 헤매는 느낌이었다.

수면 교육법만큼 엄마들에게 큰 혼란과 고통을 주는 육아법은 없을 것이다. 전문가마다 제시하는 방법이 극명하게 갈린다.

일명 '울려 재우기'라는 마크 웨이스블러스의 수면 교육법은 아기가 울어도 절대로 안아주지도 말고, 아기방을 들여다보지도 말라고 한다. 며칠만 버티면 아기가 혼자서도 밤새 잘 자게 된단다. 울어도 아무 소용이 없다는 걸 겪은 아이는 힘들게 울 필요가 없다는 걸 금방 배운다고 했다. 나도 딱 한 번 시도해본 적 있다. 도저히 엄마가 할 짓이 아니라는 생각에 그만뒀다. 나 편하자고 아이를 고통 속에 몰아넣은 것 같아 죄책감이 컸다.

다음으로 널리 알려진 방법이 퍼버법이다. 리처드 퍼버가 소개했다면서 수면 교육을 다룬 여러 책에서 언급된다. 아기가 잠들지 않은 상태에서 잠자리에 눕혀서 스스로 잠들 때까지 기다리는 방법이다. 아기가 안 자고 울면 잠시 시간을 끌다가 아이 방에 들어가서 달래준다. 아기가 울어도 바로 달래지 않고 지체하는 시간을 점차 늘려서 아이 혼자 잠들 수 있도록 훈련한다. 이 방법도 해보았지만, 엄마가 눈앞에 보이지 않으면 무서워서 악을 쓰는 아이의 울음소리를 듣는 게 '울려 재우기'만큼이나 곤혹스러웠다.

《베이비 위스퍼》에 소개된 트레이시 호그와 멜린다 블로우의 일명 '안눕법'은 아이가 잠들기 전에 침대에 내려놓아 스스로 잠들 수 있게 하는 것이다. 퍼버법과 다른 점이 있다면 아기가 울기 시작하면 지체 없이 다가가서 다독인다. 그래도 진정이 안 되면 안아주고, 울음을 그치면 내려놓기를 반복하라고 한다. 이 방법을 꾸준히 따르면 아기가 혼자서도 잠이 들게 된다고 설명한다. 이 방법도 시도해보았지만 내 아이에게는 맞지 않았다. 아이가 자다가 깨는 일이 잦았다.

《오래된 미래, 전통 육아의 비밀》이라는 책에서는 엄마 품에서 자연스러운 리듬에 맞춰 아기를 재우라고 한다. 우는 아이를 달래지 않고 그대로 두면 스트레스 호르몬인 코르티솔이 분비되는데, 코르티솔에 장시간 노출되면 아이 뇌의 주요 구조와 체계가 손상을 입을 수 있다는 것이다. 내가 따랐던 방식이다. 시간이 오래 걸리더라도 잠들 때까지 안아서 재우면 아이가 밤새 깨지 않고 통잠을 잤다. 아이를 울리지 않아서 마음은 편했지만, 나의 생활 리듬이 불규칙해지고, 시간을 계획적으로 사용하기는 어려웠다.

수유법도 전문가의 주장이 갈린다. 어떤 육아서는 아이가 원할 때 언제든지 수유해서 욕구를 즉각적으로 충족시키라고 하고, 다른 육아서는 일정한 시간에 수유해서 아이가 안정적인 생활 리듬을 갖도록 하는 것이 좋다고 말한다.

나의 육아 방식은 수유든 수면이든 정해진 시간과 규칙을 따르기보다 아이의 욕구를 읽어주고 빠르게 반응하는 쪽이었다. 그래야 마음이 편했다. 하지만 관대하고 허용적인 태도가 아이를 나약하게 하고 나쁜 습관을 만든다는 주장도 읽었기 때문에 내 육아법이 맞는 건지 마음 한편이 불안하기도 했다.

코넬대학교 인류학과 메레디스 스몰 교수는 육아는 본능적으로 해야 즐거움을 느낀다고 말한다. 요즘 엄마들은 자기 자신을 믿지 않고, 다른 무엇인가를 배워서 가르침대로 해야 한다고 생각하니 육아를 부담으로 느낀다고 한다. 아이가 울면 안아서 달래주고, 배고파 하면 수유하고, 졸려 하면 품에서 재우는 것이 본능이니, 기본으로 돌아가 육아를 하면 덜 고달프다고 그는 주장한다.

메레디스 스몰 교수의 말처럼 육아서도 많이 읽지 않고, 강연도

많은 시행착오를 거치면서

아이를 키워보니 이제는 알겠다.

나와 아이가 편안한 방식이 최선이라는 것을.

일부러 찾아 듣지 않지만 자기 확신을 가지고 편안하게 육아하는 엄마들을 여럿 보았다. 자신 있고 편안하게 육아하는 사람들은 부모가 자신을 키운 양육 방식에 만족하고, 자기 자신을 있는 그대로 사랑한다는 공통점이 있었다. 하지만 나는 어린 시절이 행복하지 않았고, 자신을 사랑하지도 못했다. 그러니 내 부모님이 나를 키운 방식대로 하면 아이가 행복하지 않은 삶을 살 수도 있다는 두려움이 있었다. 육아법을 열심히 공부해서 내 아이를 위한 최선의 방식을 알고 적용하려고 기를 썼다. 아이가 나중에 부모가 되었을 때 '우리 부모님처럼만 키우면 되겠다.'라고 안심할 수 있었으면 했다.

많은 시행착오를 거치면서 아이를 키워보니 이제는 알겠다. 나와 아이가 편안한 방식이 최선이라는 것을. 어차피 정답은 없다. 아이와 엄마의 기질과 성향, 처한 상황과 환경이 모두 다르므로, 누구에게는 A라는 육아법이 잘 맞고, 누구에게는 B라는 육아법이 잘 맞을 수 있다. 과거 정설이었던 최고의 육아법이 세월이 지나 '아이를 망치는 육아법'으로 전락하는 경우도 있고, 그 반대의 경우도 있다. 육아법에 관한 정답을 찾아 헤매는 것은 시간과 에너지 낭비라는 생각이 든다.

상충하는 육아법 중 어떤 것을 따를 것인가에 관해 내가 내린 결론은 어느 쪽이든 괜찮다는 것이다. 수많은 육아서의 지침 중 엄마인 나의 가치관, 교육관, 인생관 그리고 무엇보다 엄마와 아이의 성향에 가장 부합하여 편하게 느껴지는 육아법을 일관되게 따르면 그것이 최선이다. A와 B 사이에서 갈팡질팡하기보다 엄마와 아이에게 좀 더 편안하게 느껴지는 한 가지 방법으로 일관되게 양육하는 것이 부모와 아이 모두에게 좋다고 생각한다.

02

'완모'를 향한 험난한 여정

나는 마흔에 엄마가 되었다. 아이를 처음 내 품에 안았을 때, 이루 말할 수 없을 정도로 가슴이 벅찼다. 감격, 환희, 기쁨, 충만함, 희열 등 세상에 존재하는 모든 긍정적인 정서를 다 경험하는 느낌이었다. 아이와 하루 24시간 꼬박 붙어 지내면서 심장 박동과 체온을 느꼈다. 별처럼 반짝이는 두 눈을 맞추고, 작고 포동포동한 손가락 발가락을 만지작거렸다. 울던 아이가 내 품에 안긴 순간 울음을 뚝 그칠 때, 내가 대단한 능력자라도 된 것처럼 뿌듯했다. '아이를 낳아서 키우는 게 이렇게 큰 기쁨을 주는데 왜 아무도 귀띔해주지 않았던 거지?' 하며 묘한 배신감을 느끼기도 했다. 조카들을 볼 때도 참 예쁘다고 생각했지만 내 아이에게 느끼는 감정은 아주 달랐다. 감격의 수준이 하늘과 땅 차이, 아니 비교 자체가 불가능한 일이었다. 이렇게 가슴 뻐근할 정도로 벅차오르는 기쁨을 느낄 수 있다는 걸 누군가 알려줬다면 조금 더 빨리 엄마가 될 수 있지 않았을까 싶기도 했다.

아이에게 좋은 것만 주고 싶던 나는 모유 수유에 관한 책을 여러 권 찾아 읽었다. 의욕적으로 읽은 많은 육아서에는 모유야말로 엄마가 아이에게 줄 수 있는 최고의 선물이라고 쓰여 있었다. 아이에게 모유를 먹이는 게 아이 뇌 발달과 건강, 정서 발달에 좋다는 설명이었다. 특히 완모에 관한 내용이 눈길을 끌었다. 전문가들은 출산 초기에는 되도록 모유로만 수유하여 '완모'하라고 입을 모았다. 모유 외에 분유나 다른 음식을 주지 않는 게 중요하다고 했다. 출산 후 며칠 동안 아주 적은 양의 초유가 나오지만 영양이 충분하므로 걱정하지 않아도 된다는 글도 보았다. 유니세프에서도 '성공적인 엄마젖 먹이기 10단계'를 발표했는데, 그중 '엄마젖 이외의 다른 음식물을 주지 않는다.'라는 내용이 있었다.

아이를 낳은 날 처음 젖을 물렸는데 간호사가 "아기가 젖을 참 잘 빠네요."라고 칭찬했다. 그게 뭐라고 괜히 우쭐해지기까지 했다.

이렇게 가슴 뻐근할 정도로 벅차오르는

기쁨을 느낄 수 있다는 걸 누군가 알려줬다면

조금 더 빨리 엄마가 될 수 있지 않았을까.

'그래 이거야. 이제 됐어. 모유 수유 문제없어.' 하면서 자신만만했다. 하지만 모자 병실에 데려온 이후부터 아이는 젖을 물려도 자꾸 보채기만 했다. 수유 자세를 고치면 그런대로 젖을 빨고 잠이 들었지만 그것도 그때뿐 횟수가 거듭될수록 아이는 젖 빠는 걸 힘겨워했다. 모유의 양이 부족해서 빨아도 잘 나오지 않았기 때문이었다. 간호사가 옆에 붙어서 계속 코치해줄 수도 없는 상황이라 책에서 읽은 대로, 친정엄마의 조언을 받아 어떻게든 해결해보려고 기를 썼다. 아이도 나도 지치고 힘들기만 했다.

그런데도 "모유 양이 부족하니 분유를 줄까요?" 하며 물어보는 간호사에게 "안 돼요. 절대!" 하며 거부했다. 수유 관련 책에는 출산 초기에 혼합 수유하면 아이가 모유를 거부하게 되고, 완모가 불가능해진다고 쓰여 있었기 때문이다. 어떻게든 내 아이에게 100% 모유를 먹여 면역력 강한 아이로 키우고 싶었다. '아무리 힘들어도 내 아이를 위해 해내고야 말겠어!'라며 의지를 불태웠다.

퇴원 후 수유할 때마다 찔끔 나오는 젖을 쥐어짜다시피 해서 최대한 먹였다. 성능이 최고라는 값비싼 유축기를 샀고, 젖이 잘 돌게 한다는 족발 고아 삶은 물, 잉어 즙, 밀크티 등을 이것저것 찾아서 마셨다. 하지만 어떤 것도 크게 도움이 되지 않았다.

결국 전문 마사지사에게 SOS를 청했다. 간호사 출신인 마사지사에게 몇 번 가슴 마사지를 받으니 찔끔 나오던 젖의 양이 눈에 띄게 늘었다. 안도의 한숨을 쉬는 나에게 마사지사가 당혹스러운 표정을 지으며 말했다. "아이의 얼굴빛이 좀 이상해요. 당장 병원에 데려가 보세요. 황달이 의심돼요." 사실 며칠 전부터 아이 얼굴색이 칙칙해서 걱정스러웠는데, 아무렇지 않다는 친정엄마의 말만 철석같이 믿고 있었다.

덜컥 겁이 나서 얼른 아이를 안고 가까운 병원으로 향했다. 의사는 자기가 할 수 있는 일이 없다며 대학병원에 가보라고 했다. 미친 듯이 내달려 대학병원 응급실에 갔는데 병상이 부족하다며 다른 아동병원을 소개해 주었다.

아동병원에 도착해 검사해보니 황달 수치가 심각할 정도로 높았다. 곧바로 입원 절차를 밟았다. 아이가 너무 어려서 병실이 아닌 인큐베이터실에 있어야 한다고 했다. 하루에 단 한 번, 3분간의 면회만 허용됐다. 아이를 입원시키고 돌아서는데 자책감과 후회로 숨이 안 쉬어지는 느낌이었다.

그래도 4~5일 정도 치료받으면 괜찮아질 거라는 말에 희망을 걸고 매일 면회 시간만 기다렸다. 직접 대면은 할 수 없었다. 인큐베이터실 유리를 사이에 두고 간호사 품에 안긴 아이를 눈으로 바라봤다. 세상에 나온 지 고작 일주일 남짓 된 아이는 작디작았다. 내 아이를 앞에 두고도 만져볼 수도, 안아볼 수도 없었다. 찰나 같은

3분 동안 바라볼 뿐이었다. 매일 심장이 조이는 느낌이었다. 언제쯤 퇴원할 수 있을까 노심초사했다. 장염기가 있어 퇴원을 2~3일 미뤄야 한다는 말을 전해 들을 때는 다리에 힘이 탁 풀리고, 애간장이 끊기는 기분이었다. 입원한 지 일주일이 되어서야 드디어 아이를 데리고 퇴원할 수 있었다. '이제야 살겠다!' 싶었다.

하지만 기쁨도 잠시, 아이의 변이 이상했다. 부글부글 거품이 가득했다. 큰 병원에 갔더니 장염이니 입원하라는 진단이 내려졌다. 신생아라는 점을 배려해서 아동 병실에 인큐베이터를 놓고 엄마가 직접 돌볼 수 있게 해주었다. 아이와 격리되지 않는 것만으로도 안도했다.

간호사는 입원을 위한 각종 검사를 하면서 아이의 발에 커다란 주삿바늘을 찔러 피를 뽑았다. 아이는 세상이 떠나가라 악을 쓰며 울었다. 남편은 처음으로 나를 원망했다. 내가 산후조리원에 들어가지 않겠다고 고집 피워서 그런 일이 벌어졌다는 것이다. 지금이라면 항변했겠지만, 그때는 모든 것이 내 탓 같았다.

점점 위축됐고 아이를 키우는 것이 두려워졌다. '엄마 될 자격이 있는 거 맞나? 나 때문에 애가 잘못되면 어떡하지?' 불안이 시시때때로 엄습했다. 출산 후 채 2주도 안 돼 아이가 아프다 보니 스스로 무능한 엄마라는 생각밖에 들지 않았다.

모유 양이 부족하다는 간호사의 말을 듣고 진즉에 마사지를 받았다면, 아이가 배를 곯는 걸 지켜보는 대신 분유라도 충분히 주었다면 아이가 황달과 장염에 시달리는 일이 없었을까. 아이와 내 상황에 대한 고려 없이 책 내용을 곧이곧대로 실천하는 데만 집착한 걸 후회했다. '이것이 아니면 절대 안 돼.' 하는 강박관념으로 고집한 방법들이 아이에게 독이 될 수 있다는 걸 아프게 깨달았다. 엄마는 다 다르고, 아이도 다 다른데 나는 모유 수유가 그저 의지의 문제라고 믿었다. 육아서와 현실의 괴리를 느낀 첫 경험이었다.

03

애착만 잘하면 분리 불안이 없을 거라 믿었는데

결혼 7년 만에 아이를 임신했을 때, 내가 가장 먼저 한 일은 '임신, 출산, 양육'에 관한 책을 사들이는 것이었다. 책을 읽으면서 아이가 만 세 살이 될 때까지 내 품에서 키워야겠다는 결심을 굳혔다. 많은 육아서에서는 아이가 세 살까지는 엄마 품에서 키워야 애착이 잘 형성되어 정서적으로 안정되고, 자존감 높은 사람으로 성장한다고 강조했다. 특히 스티브 비덜프는 《3살까지는 엄마가 키워라》에서 지나치게 이른 나이에 보육시설에 보내는 게 아이에게 좋지 않다고 주장한다. 보육교사가 아이 한 명에게 집중하는 시간은 하루에 고작 8분으로, 충격적일 정도로 적다는 것이다. 일 중독 커리어우먼이었던 나는 결국 전업맘의 길을 가게 되었다.

전업맘 생활, 3년이면 충분할 줄 알았다. 아이를 키우면서 가슴 한쪽에는 다시 사회로 나가 '나'로 살고 싶은 욕구가 있었다. 육아에 최선을 다하고 있으니 3년 후에는 아이가 엄마인 나와 잘 분리될 거라 믿었다. 하지만 그 기대는 3년이 지나 4년, 5년이 되어도 실현되지 않았다. 아이의 분리 불안이 지속됐기 때문이다. 내가 읽었던 거의 모든 양육 지침서에는 만 세 살이 되면 분리 불안이 사라지니 사회성 발달을 위해 어린이집이나 유치원에 보내라고 했다. 우리 아이는 예민한 기질 탓인지 시간이 흘러도 나와 떨어지는 걸 유난히 힘들어했다. 그런 아이를 내 품에서 좀 더 오래 돌보며 언젠가는 다시 일하리라는 희망을 버리지 않았다. 아이를 유치원에 보내면서 본격적인 준비를 시작했다.

아이가 다섯 살 때 평소 관심이 있었던 창업 컨설팅, 청소년 상담 컨설턴트 과정을 들었다. 아이가 일곱 살 때는 글로벌셀러 양성과정을 들었다. 일종의 온라인 무역상으로, 노트북과 네트워크만 연결되어있으면 큰 노동력도, 실물 재고도 필요 없었다. 무엇보다 재택근무가 가능해 아이를 돌보면서 할 수 있는 일을 찾던 나에게 최적의 조건이었다. 교육 수료 후 일을 시작하자마자 수요가 높은 해외 제품을 발굴해서 제법 괜찮은 판매율을 보였다. 희망이 보이는 듯했다.

아이가 유치원에 가 있는 동안 수업을 듣고, 하원 하는 아이를 픽업해 정신없이 뒤치다꺼리하다 보면 어느새 밤 9시가 되었다. 이때라도 잠을 자면 다행이련만, 이상하게도 내가 일을 시작하면서부터 아이는 잠을 잘 자지 못했다. 잠이 안 온다며 힘들어했고, 늦은 밤까지 '한 권만 더'를 무한 반복하며 책을 읽어달라고 졸랐다. 억지로 눈을 감게 해도 잠들지 못하고 이리저리 뒤척였다. 1시간, 2시간… 시간이 길어질수록 마음이 초조해졌다. '제발 이제 잠 좀 자라고. 나도 이제 내 시간을 가져야 한다고. 나도 일을 하고 싶단 말이야!' 하는 말이 입안에 맴돌았다. 아이에게 상처가 되는 말은 가까스로 참았지만, 표정은 싸늘해졌다.

본격적으로 일에 몰입한 2개월 동안 아이의 수면 패턴은 엉망이었다. 아이가 밤 11시, 12시쯤 간신히 잠들면, 그때서야 일을 시작할 수 있었다. 한창 일에 열중하고 있으면 아이는 새벽에 일어나 비몽사몽한 상태로 내 무릎 사이를 파고 올라와 품에 안겼다. 아이 때문에 몸이 짓눌려 노트북 작업을 할 수 없었다. 처음에는 어르고, 달래고, 다독이며 재웠지만 매일 같은 상황이 반복되니 아이에게 "가서 자!"라고 단호하게 말하고 다시 일에 눈을 돌리기 일쑤였다.

한참 시간이 흐른 뒤 돌아보면 아이는 내 뒤에서 이불도 없이 바닥에 웅크리고 잠들어 있었다. 아이를 방으로 옮겨 눕히고 다시 거실로 나와 일을 하다 보면 이게 뭔가 싶기도 했다. 아기 때부터 깨지 않고 밤새 통잠을 자던 아이가 난데없이 수면장애 증상을 보이니 일하는 중에도 내내 마음이 불편했다. 그래도 일에 대한 욕구를 쉽게 내려놓기 어려워 버티고 버텼지만, 결국 마지막 희망처럼 보였던 일도 포기했다.

한동안 우울감에서 벗어나기 힘들었다. '왜 나만 이렇게 희생해야 해?' 하는 억울함에 가슴이 답답했다. '왜 이렇게 유별나?' 아이가 원망스러웠다. '최선을 다해 잘해주려 노력했건만 너는 왜 내가 나로 살 수 있는 작은 틈조차 허락하지 않는 거니? 정말 너무하다. 언제까지 나는 옴짝달싹 못 해야 하는 거니?' 가슴이 답답했다. 언제까지 육아라는 외딴 섬에서 살아야 하는지 한숨이 새어 나왔다.

일을 포기했다는 좌절감을 달래준 것은 독서였다. 독서는 아이를 돌보면서 나로 살고 싶은 욕구를 실현할 수 있는, 당시로서는 유일한 방법이었다. 육아서 대신 내가 읽고 싶었던 책을 읽고, 사람들과 만나 독서 토론하고, 글을 쓰고, 공부했다. 내면의 진정한 욕구를 탐색하면서 삶의 태도가 변했다. 끝없는 욕구로 결핍에 시달리는 것에서 벗어나 '지금 이 순간 누리는 것'에 감사하는 사람으로 서서히 변하기 시작했다.

때가 되어 자연스럽게 변화한 것인지, 변화한 내 태도가 영향을 미친 것인지 모르겠지만 내가 독서와 토론, 글쓰기에 열중하는 사이 아이가 엄마를 찾는 횟수가 확연히 줄어들면서 의젓해졌다. 내가 책을 읽고 공부를 하는 동안 아이도 차분히 책을 보면서 엄마를 기다렸다. 어느 날 아이는 내게 "난 엄마가 하고 싶은 일을 포기하지 않고 계속했으면 좋겠어."라고 말했다. 그 말을 듣는 순간 아이가 벌써 이렇게 컸구나 싶어 뭉클했다.

많은 엄마가 아이에 대한 책임감과 나를 찾고 싶은 욕구 사이에서 갈등한다. 엄마가 되면 여러 상황이 개인으로서의 나를 포기하게 하지만, 결코 희생이 정답이 될 수는 없다고 생각한다. 어렵지만 나를 찾는 시간, 나로서 살기 위한 노력도 필요하다. 힘든 시간을 겪으면서 나는 작은 힌트 하나를 얻을 수 있었다. '왜 빨리 안 자니?' '왜 이렇게 예민해?' 내가 초조해하며 아이에게 화살을 돌릴 때 아이는 더 불안해했다. 다시 돌아가면 아이에게 이해를 구하고 조금 덜 조급해하면서 조금 더 편안하게 일을 준비할 수 있지 않을까. 나로 살기 위한, 나를 찾기 위한 노력은 여전히 현재진행형이다.

어느 날 아이는 내게

“난 엄마가 하고 싶은 일을 포기하지 않고

계속했으면 좋겠어.”라고 말했다.

아이가 벌써 이렇게 컸구나 싶어 뭉클했다.

실천하기

엄마와 아이를 위한 추천 육아서

❶ 엄마를 위한 육아 심리서

육아를 하면 '아이를 잘 키우는 방법론'에 관한 책만 집중적으로 읽게 된다. 모든 관심사가 아이에게 좋은 것, 나쁜 것, 필요한 것, 도움이 되는 것 등에 맞춰져 있어서 정작 엄마가 육아로 인해 겪는 심리적 어려움에 대해서는 간과하기 십상이다. 아이를 잘 키우기 위한 책 못지않게 엄마 마음을 잘 살피도록 도와주는 책이 행복한 육아를 위해 필요하다.

- ◆《엄마가 늘 여기 있을게》(권경인 지음, 북하우스)
- ◆《엄마 심리 수업》(윤우상 지음, 심플라이프)
- ◆《좋은 엄마의 두 얼굴》(앨리슨 셰이퍼 지음, 아름다운사람들)
- ◆《부모로 산다는 것》(제니퍼 시니어 지음, RHK)

❷ 자녀를 위한 육아서 및 교육서

실전 육아에 큰 도움이 된다고 생각하는 책 20권을 선별했다. 특히 추천하고 싶은 책은 《내 아이를 위한 사랑의 기술》과 《부모와 아이 사이》이다. 이 두 책만 반복해서 읽고 실천할 수 있다면 다른 육아서가 굳이 필요하지 않겠다 싶을 정도로 큰 도움을 받았다. 또 조선미 박사의 《영혼이 강한 아이로 키워라》는 육아를 하면서 혼란을 느끼고, 흔들릴 때마다 부모로 바로 설 수 있도록 큰 버팀목 역할을 해주었다. 《부모 역할 훈련》은 자녀 훈육법을 체계적으로 알려주는 참고서 같은 책으로, '이럴 때는 어떻게 해야 하지?' 싶을 때마다 해당 문제를 다룬 페이지를 읽으면 속 시원한 해답이 기다리고 있었다.

- 《내 아이를 위한 사랑의 기술》(존 가트맨 · 남은영 지음, 한국경제신문사(한경비피))
- 《부모와 아이 사이》(하임 G. 기너트 외 지음, 양철북)
- 《영혼이 강한 아이로 키워라》(조선미 지음, 쌤앤파커스)
- 《부모 역할 훈련》(토머스 고든 지음, 양철북)
- 《엄마 수업》(법륜 지음, 휴(休))
- 《천일의 눈 맞춤》(이승욱 지음, 휴(休))
- 《최강의 육아》(트레이시 커크로 지음, 앵글북스)
- 《못 참는 아이, 욱하는 부모》(오은영 지음, 코리아닷컴)
- 《4~7세 창의력 육아의 힘》(김영훈 지음, 비타북스)
- 《스스로 마음을 지키는 아이》(송미경(힐링유) · 김학철 지음, 시공사)
- 《내 아이를 살리는 비폭력 대화》(수라 하트 · 빅토리아 킨들 호드슨 지음, 아시아코치센터)
- 《아직도 가야 할 길》(M. 스캇 펙 지음, 율리시즈)
- 《엄마 무릎 학교》(하정연 지음, 위고)
- 《신의진의 아이 심리 백과》(신의진 지음, 걷는나무)
- 《오래된 미래, 전통 육아의 비밀》(김광호 · 조미진 지음, 라이온북스)
- 《그림책에게 배웠어》(서정숙 · 김주희 지음, 샘터)
- 《어린이와 그림책》(마쓰이 다다시 지음, 샘터)
- 《공부 머리 독서법》(최승필 지음, 책구루)
- 《말하기 독서법》(김소영 지음, 다산에듀)
- 《장유경의 아이 놀이 백과》(장유경 지음, 북폴리오)

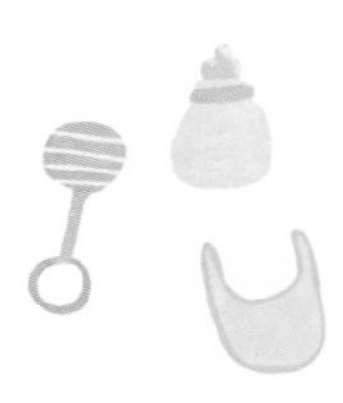

2장

엄마의 자존감부터 높이라고 해서

01

내 마음속 상처받은 내면아이를 만났다

누구나 마음속에는 어린 시절의 경험으로 인해 생겨난 내면아이가 있다고 한다. 내면아이는 우리가 성장한 후에도 지속적으로 영향을 미치는데, 《상처받은 내면아이 치유》를 쓴 존 브래드쇼는 좋은 부모가 되려면 무엇보다 부모 자신의 상처받은 내면아이를 치료해야 한다고 강조한다. 또 《내면아이의 상처 치유하기》를 쓴 마거릿 폴은 '무시당하고 상처받은 내면아이'가 모든 불행의 가장 큰 원인이라고 말하기도 했다.

내가 내면아이를 인식한 것은 엄마가 되고 나서였다. 직장인일 때 나는 다른 사람 눈에 거침없고, 당당한 사람으로 비쳤다. 공적 업무에는 주어진 역할과 책임이 있었고, 그에 충실했다. 하지만 엄마가 되고 보니 수많은 사람과 얽히고설켰다. 나는 공동 육아, 품앗이 육아를 선호했기 때문에 더욱 다양한 유형의 사람들과 관계를 맺었다. 그 과정에서 나의 내면에 숨겨진 특성이 드러나기 시작했다. 바로 갈등을 회피하는 것이다.

아이가 다섯 살 때 맺은 품앗이 모임의 한 멤버가 어느 날 메시지를 보내왔다.

"언니, 언제 시간 되세요? 둘이서만 따로 만나서 얘기하고 싶어요."

메시지를 보는 순간 덜컥 겁이 났다. 겁이 나는 이유도 모른 채.

"왜? 무슨 일이야? 내가 뭐 잘못했어?"

"언니한테 섭섭해요."

"무슨 일인지는 모르겠지만 네가 섭섭하게 느꼈다면 내가 잘못한 거지. 미안해. 마음 풀어."

이렇게 상황을 봉합했다. 나에게 무엇 때문에 섭섭한지 구체적으로 묻지 않았다. 알고 싶지 않았다. 문제를 마주하기가 두려웠다. 상대방이 나에게 섭섭하다고 하는데 그 이유를 들을 용기도 없었다. 내가 잘못했다고 먼저 고개를 숙이고 상대방의 마음을 풀어주는 데 급급했다.

아이가 다섯 살 때 유치원에 다니기 시작하면서 시간 여유가 생겼다. 여러 강좌를 찾아보다가 '균형독서법'이라는 수업을 듣게 되었다. 명칭 그대로 다양한 분야의 책을 골고루 잘 읽는 법을 알려주는 독서 관련 강의라 짐작하고 등록했다. 잘 배워서 아이에게 바람직한 독서법을 지도해야겠다고 생각했지만 오산이었다. 그 강좌는 '임상 심리학'에 가까웠다.

비폭력 대화(NVC), 독서 치료, 미술 치료, 연극 치료, 내면아이 상담 기법 등의 특장점을 취해서 매 시간 다양한 방법으로 자신의 내면을 탐색하도록 돕는 프로그램이었다. 오롯이 내 마음을 들여다볼 수 있는 시간이 주어졌다. 매주 2시간 동안 그 수업에 참석하면서 그동안 외면하고 살아왔던 '진짜' 나를 마주하게 되었다. 가면을 벗은 민낯의 나는 열등감과 두려움에 위축돼 있는 자존감 낮은 사람이었다. 이런 내가 아이를 자존감 높은 사람으로 키울 수 있을까? 의구심이 생겼다. 내 자존감을 높이는 마음공부를 시작한 계기다.

내가 어릴 때 아빠의 잦은 외도를 자식들에게 숨기고 인내하던 엄마가 '화병'을 크게 앓았다. 어느 순간부터 이성을 잃었다. 아무리 힘들어도 자식들이 상처받을까 '운명이려니' 체념하고 침묵하던 엄마가 아빠와 육탄전을 벌이기 시작했다. 아비규환이 따로 없

나의 내면아이를 돌보기 시작하자,

조금씩 마음이 단단해졌다.

아이에게 전이되었던 두려움이 조금씩 줄어들었다.

었다. 어린 나 혼자 엄마 아빠의 싸움을 뜯어말리며 끔찍한 일이라도 벌어질까 두려워서 벌벌 떨었다. 무섭지만 집을 벗어날 수는 없었다. 거기 있어야 엄마를 지킬 수 있을 것 같았다. 잦은 싸움 탓에 이웃들도 수수방관했다. 누구에게도 도움을 청할 곳이 없던 나에게 그 상황은 공포 그 자체였다.

심리 상담을 받아보니 내가 갈등을 회피하는 이유는 무의식에 '갈등이 생기면 큰일 난다'고 각인되었기 때문이라고 했다. 안쓰러운 사람들을 보면 도와주고 싶어 안절부절못하는 것도 마찬가지 이유라고. 도움의 손길이 절실했는데 누구에게도 의지할 수 없었던 어린 시절의 절망감이 내 무의식을 지배해왔다는 것이다. 어린 시절의 경험이 얼마나 오랫동안 내 무의식을 지배했는지 깨달으며 내 아이를 정서적으로 더 잘 보살펴야겠다는 각오를 다졌다. 그러기 위해서는 내면아이를 만나 어린 시절 마음의 상처를 치유하고, 자존감을 회복하는 것이 무엇보다 중요했다.

'내가 왜 이러지?' 이해하지 못했을 때는 답답했는데 숨겨진 이유를 알고 나니 '내가 이래서 이렇구나! 이번에도 그런 거구나!' 하고 불안, 두려움 등과 같은 부정적인 감정에 함몰되는 일이 적어졌다. 나는 그렇게 균형독서법을 통해 내면아이를 만나면서 무의식을 지배하던 겁먹은 내면아이에서 조금씩 벗어나게 되었다.

좋은 엄마가 되는데 집착했던 배경에는 행복하지 않았던 내 어린 시절이 있었다. 내 아이에게는 두려움에 사로잡힌 어린 시절, 상처투성이 기억이 아닌 즐거운 추억을 가득 채워주고 싶었다. 엄마인 나와 함께 많은 시간을 보내며 편안함, 안정감, 즐거움, 기쁨, 행복이 아이의 정서에 진하게 물들기를 소망했다.

하지만 아이의 행복에 대한 과도한 집착이 '상처를 받으면 절대 안 돼!'라는 두려움을 만들어냈다. 내가 아이에게 상처를 줄까 봐, 아이가 세상으로부터 조금이라도 상처를 받을까 봐 벌벌 떨었다. 이런저런 마음공부를 하면서 나의 내면아이를 돌보기 시작하자, 조금씩 마음이 단단해졌다. 아이에게 전이되었던 두려움이 조금씩 줄어들었다. '상처 좀 받으면 어때? 괜찮아. 너는 상처를 스스로 치유할 힘이 있어.'라고 내 아이를 점차 믿게 되었다.

02

비폭력 대화로 남편과 소통했다

조지 레이코프는《코끼리는 생각하지 마》에서 한 가지 흥미로운 연구 결과를 소개한다. 인류학자 겸 심리치료사 밥 레비는 타히티의 자살률이 높은 데 의문을 품고 연구를 했다. 그는 타히티의 높은 자살률의 원인으로 '비통'이라는 단어가 없다는 점을 들었다. 비통함을 느끼면서도 말로 표현할 길이 없으니 힘겨운 감정이 해소되지 않고 증폭되어 자살로 이어진다는 것이다.

감정을 정확한 단어로 표현하는 것은 정신 건강에 무척이나 중요하다. 나는 비폭력 대화(NVC), EFT, 마음챙김 명상, 글쓰기 등을 통해 '감정'을 알아차리고 적절한 단어로 잘 표현하는 것이 얼마나 큰 도움이 되는지 실감했다. 그걸 몰랐을 때는 남편과 소통에 어려움을 겪고 부정적인 감정에 사로잡히기도 했다.

엄마 아빠가 되기 전, 우리 부부는 "금실이 좋아서 아이가 안 생긴다."는 말을 들을 정도로 대화도 잘 통하고 친밀한 관계였다. 조카들이 "나중에 결혼하면 고모네처럼(이모네처럼) 살고 싶다."고 말할 정도로. 하지만 아이가 생긴 후부터 남편과 나는 불통의 길을 걷기 시작했다.

《무례한 사람에게 웃으며 대처하는 법》에서는 시소를 타듯 서로를 배려하고 영향을 주고받을 때 건강한 인간관계가 맺어진다고 하는데, 육아하면서 경험한 내 현실은 아이를 혼자 업고 뛰는 철인 3종 경기에 가까웠다. 동시에 엄마 아빠가 되었는데 왜 나 혼자만 애를 돌보느라 헉헉거려야 하는지 이해하기 어려웠다. 때때로 기분이 가라앉았지만 육아하느라 몸이 힘들어서 지친 것뿐이라고 치부해왔다.

나는 전업맘이니 양육과 집안일을 전담하는 것이 당연하다고 생각했다. 직장에 다니는 남편에 비해 비교적 쉽고 편한 일을 한다고 오랫동안 착각했다. 좋은 아내, 좋은 엄마가 되기 위해 당연히(?)

잘해야 하는 집안일과 육아를 완벽히 잘하지 못해서 자책했다. 힘들게 돈 벌어오는 남편에게 불평하면 나쁜 아내인 것만 같아 혼자 꾹 참고 아등바등했다.

남편을 향한 배려는 결과적으로 집안일과 육아에 관한 무신경으로 돌아왔다. 슬금슬금 불편한 감정이 올라왔지만 내 마음을 자세히 들여다보지 않았다. '함께 육아'가 아닌 '독박 육아'를 하는 시간이 1년, 2년 켜켜이 쌓이면서 남편은 내 마음속에서 남처럼 멀어져 갔다. 언젠가부터 남편을 대할 때마다 얼굴이 어색하게 굳어지는 게 느껴졌다.

아이가 다섯 살 때 비폭력 대화NVC: Nonviolent Communication를 배우면서 내가 얼마나 감정과 욕구 표현에 서툰지 깨달았다. 그때서야 전업맘으로 독박 육아를 하면서 느끼는 부정적 감정의 정체를 어렴풋하게나마 알아차릴 수 있었다. 억울함, 서운함, 답답함, 외로움, 초라함, 두려움이 주된 감정이었다.

비폭력 대화를 배우기 전, 내가 감정을 표현하는데 사용하는 단어는 모두 합쳐서 10개를 넘지 못했다. 서운한 것도 "짜증 나." 답답한 것도 "짜증 나." 두려워도 "짜증 나."라고 말하는 등 모든 감정을 하나로 뭉뚱그려 느끼고 표현하는 식이었다. 감정이 해소되지 않고 차곡차곡 쌓였다. 비폭력 대화를 배우면서 내 감정을 세밀하게 알아차릴 수 있게 되었다.

'감정을 정확한 단어로 표현하기'는 아주 단순한 방법인데 부정적 감정에서 벗어나는데 강력한 효과가 있다. 다음은 비폭력 대화를 적용하기 전과 후의 비교이다.

비폭력 대화 적용 전

남편이 주말에 아이와 놀아준다고 한 지 1시간이 채 지나지 않았는데 아이 손에 핸드폰을 쥐여 주고 잠이 들어 있다. 아이는 동영상에 정신을 홀딱 뺏긴 상태다. 이 모습을 보는 나는 화가 치밀어 오른다. 애써 참아보려고 하지만 속이 부글부글 끓는다. 잠에서 깬 남편에게 "왜 아이에게 핸드폰을 자꾸 주냐?"며 날 선 목소리로 말한다.

비폭력 대화 적용 후

❶ 화 뒤에 숨어있는 '진짜' 감정 찾기

▷ **걱정되는** - 핸드폰 동영상에 자주 노출되면 아이에게 해로

운 영향이 미칠까 봐 걱정된다.

▷ **불안한** - 아이가 벌써 핸드폰 게임이나 동영상에 빠져들어 중독될까 불안하다.

▷ **신경 쓰이는** - 아이가 아빠와 있을 때면 습관적으로 핸드폰을 보게 될까 봐 신경 쓰인다.

▷ **무력한** - 아이에게 핸드폰 동영상 보여주지 말라고 부탁했지만 계속 보여주는 남편을 보니 무력감이 느껴진다.

▷ **절망스러운** - 남편에게는 아무리 말해도 흘려들으니 아무것도 바뀌지 않는다는 생각에 절망스럽다.

▷ **실망스러운** - 직장 다니며 돈을 벌어오는 것으로 아빠와 남편의 역할을 다했다고 생각하는 것처럼 보여서 실망스럽다.

▷ **억울한** - 나는 아무리 힘들어도 아이에게 핸드폰이나 TV를 보여주지 않으려 노력한다. 남편은 고작 한 시간 육아하고 핸드폰을 쥐여 주니 억울하다.

▷ **좌절한** - 내가 일주일 동안 정성 들여 가꾼 육아라는 꽃밭을 남편이 한순간에 엉망으로 만들어 버린 것 같아 좌절감을 느낀다.

❷ '진짜' 감정 뒤에 숨어있는 '욕구' 찾기

▷ 어린아이에게 해로운 미디어 노출을 줄이려는 나의 의지를 지지하고, 협조해주면 좋겠다.

▷ 좋은 엄마, 아내가 되기 위해 여러모로 노력하는 모습을 존중하고, 고맙다고 말해주면 힘이 나겠다.

▷ 주말만이라도 육아를 적극적으로 해주면 든든하겠다.

▷ 주말 몇 시간만이라도 육아에서 해방되어 마음 편히 쉬면서 에너지를 충전하고 싶다.

▷ 함께 협력하고 노력해서 아이를 잘 키우자는 공동의 목표를 실현하고 싶다.

비폭력 대화에 따라 감정을 구체화하고, 욕구를 알아차리고 표현하기 전까지 나는 감정을 억누르고 숨기려 했다. 하지만 표정과 말투, 억양, 몸짓으로 드러난 무언의 표현이 남편에게는 비난과 경멸로 받아들여졌다. 결국, 남편은 방어와 담쌓기로 대응했고, 우리 부부는 불통의 길을 걷게 되었다. 남편도 내 권유로 비폭력 대화를 배우게 되었고, 우리 부부는 '아닌 척, 괜찮은 척' 하는 대신, 상대에게 솔직하게, 하지만 비난은 하지 않고 좀 더 깊이 대화하려 노력하기 시작했다. 서로의 감정과 욕구를 숨기지 않고 표현하려다 보니 오히려 예전보다 갈등이 많아진 것도 사실이다. 지금도 여전히 서로의 욕구가 충돌해 감정이 격해질 때도 있고, 비폭력 대화를 하기 어려워 언쟁을 벌일 때도 있다. 하지만 서로의 감정과 욕구를 잘 표현하고 들어주면서 존중과 배려, 이해, 공감의 울타리를 만들려는 노력을 계속하고 있다.

엄마 아빠가 갈등 상황에서 노력하는 과정은 아이도 보게 된다. 괜찮은 척하거나 꾹 참는 것보다 감정과 욕구를 적절히 표현하고, 잘 공감하는 게 중요하다는 걸 아이 역시 자연스럽게 알아가고 있다. 갈등을 숨기기보다 드러내고, 서로를 이해하고 배려하려는 노력을 멈추지 않아야 관계를 개선하는 데 도움이 된다는 것을, 아이는 안전한 가정 내에서 배워가고 있다.

03

정서의 대물림을 끊어내는 '가족 세우기'

"엄마 때문에 스트레스로 죽을 거 같아요. 제발 그만 좀 하세요!" 어느 날 나는 친정엄마에게 절규를 쏟고 말았다. 절망적인 느낌에 빠져 하지 말았어야 할 말을 해버렸다.

임신하면서 친정엄마와 함께 살게 되었다. 한차례 유산을 겪고 결혼 7년 차에 다시 아이를 가졌다. 의사는 아이 상태가 위태롭다며 꼼짝 말고 누워 절대 안정을 취해야 한다고 했다. 친정엄마는 앞뒤 재지 않고 나를 돌봐주셨다. 안정기로 접어든다는 4개월까지 모든 집안일과 식사 준비를 대신해주셨다. 입덧을 심하게 하던 내가 어쩌다 먹고 싶은 음식이라도 말하면 즉각 만들어 주실 정도로 극진히 돌봐주셨다.

친정엄마는 그런 분이었다. 평생 자식을 위해서라면 궂은일 마다하지 않고 자신을 희생하셨다. 하지만 엄마와 나 사이에는 허물기 어려운 심리적 장벽이 있었다. 서로를 끔찍하게 사랑하면서도 시시때때로 깊은 상처를 주는 관계였다.

엄마는 지독히도 완벽주의자였다. 해야 할 일을 앞에 두고 미루는 법이 절대 없었고 자기 관리가 철저했다. 밤을 새워서라도 할 일을 해치워야 개운하다고 하셨다. 또 방바닥에 머리카락 한 올이라도 떨어져 있는 걸 못 견뎌할 정도로 깔끔했다.

어린 시절을 떠올려보면 엄마는 항상 분주했다. 엄마가 쉬는 모습은 잠잘 때만 볼 수 있었다. 맞벌이할 때는 아침 일찍 나가서 밤늦게 집에 돌아오셨다. 피곤함이 가득 묻은 얼굴로 신발 벗고 집에 들어선 순간부터 일을 시작했다. 엄마의 얼굴은 늘 굳어있었고, 불만이 가득해 보였다. 엄마를 돕기 위해 열심히 집안일을 했지만 서툰 솜씨가 성에 찰 리 없는 엄마에게 내 노력은 보이지 않았다. 고맙다, 수고했다는 말 대신 짜증과 잔소리가 날아왔다. 어린 마음에 억울했다. 엄마가 사서 고생하는 것처럼 느껴지기도 했다. '집 좀 더럽다고 큰일 나? 빨래 매일 안 하면 무슨 문젠데?' 하는 반감이 생겼다. 내가 엄마가 되면 완벽하게 집안일을 해내느라 동동거릴 시간에 내 아이를 한 번 더 안아주고 따뜻하게 바라봐주고, 활짝 웃어 주겠노라 다짐했다.

실제 아이를 낳으면서 나는 집안일보다는 아이와 더 많은 시간을 보내는 데 신경을 썼다. 그런 나의 태도는 완벽주의자인 엄마의 심기를 건드렸다. 무엇보다 집안일로 인한 반목이 고조되었다. 엄마는 엄마 방식대로 완벽하게 집안일을 하라고 나에게 요구했고, 나는 집안일은 최소한만 하고 나의 에너지와 시간은 아이를 위해 쓰겠다며 거부했다. "집이 이 꼴이 뭐냐? 설거지는 바로바로 해야지. 이렇게 쌓아 놓느냐? 빨래는 왜 매일 안 돌리냐." 등 엄마의 잔소리는 끝이 없었다. "난 집이 지저분해도, 빨래가 쌓여있어도 상관없으니 그냥 두시라." 간청했지만 아무 소용이 없었다. 그런 갈등이 쌓이던 어느 날 친정엄마에게 제발 그만 좀 하시라는 절규를 쏟고 만 것이다.

도와주시는 엄마가 고마운 한편 당신의 방식을 강요하고 나를 힘들게 하는 엄마가 원망스러웠다. 잘못을 지적하는 대신 "좋아. 잘했어. 괜찮아. 다 잘될 거야."라고 지지하고 격려해 주신다면 얼마나 좋을까 싶었다. 엄마와 함께 사는 기간이 길어지면서 어느 순간부터는 엄마를 마주할 때면 가슴이 터질 것처럼 숨이 막혔다.

평생 칭찬 한마디 하지 않는 엄마로 인해 내 성격이 후덕하지 못한 거라고 친정엄마에게 책임을 전가하기도 했다. "제발 잘한다는 말 좀 해주면 안 돼? 엄마는 왜 맨날 못했다는 얘기밖에 안 해?"라고 원망하는 나에게 엄마는 "다 너 잘되라고, 똑바로 보고 배우라고 하는 거야. 그게 나 좋자고 하는 거냐?" 하면서 억울해하셨다.

그러다가 독일 가정의 절반이 듣는다는 가족 세우기 프로그램을 알게 되었다. 사이코드라마 형식을 빌려 가족 심리를 치유하는 프로그램이었다. 반쯤 기대를 품고 프로그램에 참여했다.

참가한 가족 세우기 세미나에서는 나처럼 엄마에게 받은 상처로 힘들어하는 어느 의뢰인의 역할극이 진행되었다. 진행자는 세미나 참석자 중에서 임의로 한 사람을 지목해서 엄마 역할을 맡겼다. 의뢰인은 제삼자가 되어 무대 밖에서 상황을 지켜봤다.

진행자는 "엄마의 나이가 대여섯 살밖에 안 된다. 어떻게 보이냐?"라며 의뢰인에게 물어보았는데, 그 말을 듣는 순간 역할극을 지켜보던 나는 충격을 받았다. 엄마라는 큰 존재가 갑자기 안쓰러운 어린아이로 보였다. 내 엄마가 '신이 모든 곳에 직접 존재할 수 없어 대신 보낸 전지전능한 존재'가 아니라 '작고 연약한 존재'라는 생각이 들었다.

이후 진행자는 참가자들을 임의로 지목하여 어린 엄마 등 뒤에 엄마의 엄마를 세웠다. 그 뒤에 엄마의 엄마의 엄마, 또 그 뒤에는 엄마의 엄마의 엄마의 엄마….

내 엄마도 불안과 두려움에 떠는, 작고 여리고 불완전한 존재라는 것, 제대로 된 보살핌을 받지 못해 외롭고 쓸쓸한 어린 시절을 보내며 많이 힘들었을 것이라는 생각이 들었다. 엄마에게는 엄마의 엄마로부터 대물림된 양육 방식이 자신이 아는 유일한 방법이었으니 그 방식대로 나를 키운 것이라는 것도. '엄마도 나를 잘 키우려고 최선을 다했구나. 비록 그 방식이 나를 힘들게 하고 상처를 주기도 했지만, 엄마도 다른 방법을 알지 못했구나. 그럴 수밖에 없었구나.' 하고 이해가 되었다. 엄마에게 연민이 생기면서 원망이 스르륵 녹아내렸다.

다양한 마음공부를 하면서 다른 사람들의 경험담을 들을 기회가 많았다. 어린 시절 부모에게 받은 마음의 상처가 깊을수록 자신과 배우자, 자식에게 심각한 영향을 미친다는 걸 수많은 경험담을 통해 알게 되었다. '내 마음의 상처'를 돌봐야 자식에게 상처가 되물림 되는 것을 방지할 수 있다는 걸 다시금 깨달았다.

04

EFT로 나를 있는 그대로 받아들였다

아이가 네댓 살 무렵, 아이가 잠들면 온라인 카페, SNS를 기웃거렸다. 바깥세상 소식도 궁금하고, 다른 사람은 어떻게 아이를 키우는지 알고 싶었다. 멋지고 훌륭하게 엄마 역할을 하는 사람들의 글을 읽다 보면 '나는 참 부족한 엄마'라는 생각이 들었다. 세상에는 손재주도 좋고, 성실하면서도 똑똑한 엄마들이 넘쳐나는 것 같았다. 잠도 많고, 쉽게 지치고, 결심해도 작심삼일인 나와 너무 비교되었다. 무엇보다 각종 엄마표 교구를 멋지게 만들고, 집을 유치원처럼 꾸미고 근사하게 홈스쿨링을 하는 엄마들을 보면 위축되었다.

온라인 맘카페에 접속해 궁금한 걸 검색하다 보면 개미굴에 빠진 것처럼 시간 가는 줄 몰랐다. 정보가 거미줄처럼 얼기설기 얽혀 있어서 검색에 검색을 거듭하다 보면 어느새 날이 밝기도 했다. 그런 날이면 피곤함에 절어 아이를 편안하게 돌보지 못했고, 또 다른 자책감이 이어졌다. '나는 왜 이 정도밖에 안 될까? 한심하다. 못났다. 답답하다.' 내 부족한 면이 눈에 밟혔다. 나를 사랑할 수 없었고, 나에게 만족할 수 없었다.

그러던 어느 날 지인에게 EFT Emotional Freedom Techniques를 소개받았다. 내 모습과 감정을 수용하는 긍정의 말과 함께 몸의 특정 타점을 두드려 몸의 통증이나 부정적 감정을 해소하는 요법이다. 나의 경우에는 주로 불편한 감정을 해소하는데 사용했지만 몸의 통증이나 질병 등의 치유 효과도 임상적으로 증명되었다고 한다.

손가락으로 손, 얼굴, 가슴 등의 타점을 순서대로 두드리면서 자기 수용 언어로 말하는 것이 정석이지만, 꼭 타점을 두드리지 않더라도 "나는 ○○가 ○○해서 불편하지만, 그래도 나는 나를 있는 그대로 사랑합니다."라는 말만 20~30번 정도 반복해도 부정적 감정 레벨이 쑥 내려간다.

"나는 나를 있는 그대로 사랑합니다. 게으른 나도 있는 그대로 받아들이고 사랑합니다. 짜증 내는 나도 이해하고 받아들입니다. 자신을 못났다고 자책하는 나도 사랑합니다. 자신을 잘못했다 비난하는 나도 있는 그대로 받아들이고 사랑합니다." 이렇게 중얼거리기만 해도 마음이 훨씬 편안해졌다.

그동안 '왜 짜증을 내지? 짜증 내면 안 되는데? 왜 나는 이것밖에 안 될까?' 생각할수록 짜증이 더 커졌는데 내 감정을 있는 그대로 받아들이는 EFT의 자기 수용언어를 사용하니 부정적 감정이 축소되는 것을 느낄 수 있었다. '이게 뭐지? 이렇게 간단하게 불편한 감정들이 줄어들다니….' 신기할 정도였다.

엄마가 자기 자신을 대하는 자세는 아이와의 관계에도 영향을 준다고 한다. 실제 나를 있는 그대로 받아들이고 사랑하려고 노력하는 과정에서 내 아이를 수용하고 존중하는 마음도 덩달아 커졌다. 내 아이를 존재 자체로 사랑하게 되었다. 물론 부끄러움이 많고 남 앞에 나서지 않는 아이를 보면서 가끔 '다른 애는 안 그러는데 우리 애는 왜 이러지?' 하는 생각도 한다. 그런 때는 의식적으로 얼른 마음을 바꾼다. '괜찮아. 그냥 있는 그대로의 너를 사랑해.'라고. 아이가 있는 그대로의 자신을 사랑하고, 그것이 앞으로 아이 삶을 지탱하는 정신적 산물이 되길 바란다.

EFT 배워보기

책을 먼저 읽어야 EFT의 효용을 이해하는데 도움이 된다. 《두드림 기적 EFT》(정유진 지음, 정신세계사), 《5분의 기적 EFT》(최인원 지음, 김영사)를 추천한다.

EFT를 제대로 배워보고 싶다면 한국EFT협회(www.eftkorea.net)의 오프라인 워크숍을 추천한다.

유튜브에서 'EFT'를 검색하면 수없이 많은 동영상이 조회되는데 아쉽게도 도움이 될 만한 한국어 동영상은 많지 않다. 한의사인 최인원 원장이 EFT에 대해 쉽고 명료하게 소개한 영상이 있으니 가볍게 참고해도 좋을 듯하다.

05

나만의 시간,
나만의 공부 시작하기

아이가 어느 정도 크면서 내 시간을 갖기 시작했다. 아이가 배우면 좋은 것, 배우고 싶어 하는 것, 좋아하는 것을 나 혼자 감당하기에는 역량이 턱없이 부족하기 때문에 모든 걸 엄마표로 소화하기보다 전문가의 지원을 받는 방법(주로 지자체, 도서관, 공공기관의 무료 프로그램이나 저렴한 프로그램)을 선택했다. 안 되는 깜냥으로 기를 쓰고 직접 배우거나 공부해서 아이를 도와주려 애쓰면 엄마 자신을 위한 시간을 확보하기 어렵고, 지치기 쉽다는 생각이었다. 내가 할 수 있는 일과 할 수 없는 일, 해야 하는 일, 하지 않아도 되는 일의 가지치기가 필요했다. 아이의 삶만을 바라보며 스케줄 관리하고, 학원 데려다주고, 대기하다 픽업해서 다른 장소로 이동하는 '로드 매니저'처럼 살고 싶지 않았다.

아이가 일곱 살까지는 함께 놀러 다니며 재미있게 지냈기 때문에 로드 매니저라는 생각을 할 여지가 별로 없었다. 하지만 초등학교에 입학하니 상황이 달라졌다. 아이의 수업이 늘어나고 활동 반경도 커졌다. 수영 수업을 주 2회, 바둑과 영어캠프 등을 주 1회 다녔다. 월 1회는 5시간 동안 숲에서 또래 아이들과 온종일 자연 놀이를 하고, 월 2회는 90분 동안 그림책을 읽고 자기 생각을 또래 친구들과 자유롭게 나누는 그림책 토론 수업(나중에는 중단하고 집에서 아이와 일대일 그림책 대화를 주 1회 했다)을 했다.

수영은 아이의 신체 활동량이 부족하여, 바둑은 아이가 배우고 싶다고 해서, 영어캠프는 캠핑장에서 친구들과 놀면서 자연스럽게 영어를 접할 기회라서 보냈다.

아이의 수업이 끝날 때까지 1~2시간, 길면 5시간씩 기다리는 것은 곤혹스러운 일이었다. 기다리면서 아무 목적 없이 핸드폰을 들여다보면 시간이 모래알처럼 흩어졌다. 아는 엄마들과 어울려 수다를 떨다 보면 시간이 빨리 갔지만, 매번 반복되니 그것도 공허했다. 차츰 아이를 기다리는 시간을 나를 위해 활용하기 시작했다.

아이가 여러 활동을 하는 동안 헬스나 요가를 하거나, 도서관 또는 카페에서 독서나 글쓰기 등을 하면서 보냈다. 그러면 아이를 마냥 기다리는 게 전혀 지루하지 않았다.

아이의 초등학교 1학년 겨울방학 기간 동안 주 2회는 엄마와 아이의 역할이 뒤바뀌었다. 서양 고전 깊이 읽기 수업과 디베이트(토론, 공론식 토의법) 지도자 수업을 받기 위해 왕복 두 시간 거리를 운전해서 다녔다. 방학 동안에는 아이를 맡길 곳이 마땅치 않아 데리고 다녔다. 아이는 교육기관 부설 어린이도서관에서 내 수업이 끝날 때까지 3시간 동안 자신이 좋아하는 책을 읽으며 엄마를 기다렸다. 이동시간까지 포함하면 하루 총 5시간을 할애했는데, 아이는 불만을 갖기는커녕 오히려 응원했다. 엄마가 꿈을 갖고, 그 꿈을 이루기 위해 열심히 노력하는 모습이 보기 좋다고 말했다.

엄마를 따라다니면서 엄마를 가르치는 선생님, 함께 공부하는 어른들, 교육기관의 직원들로부터 "기특하다" "의젓하다" 칭찬을 들으며 아이의 어깨는 으쓱해졌다. 엄마의 공부를 위해 진득하게 기다려주는 것이 가치 있다는 긍정적 생각이 강화되었으리라 짐작한다. 이 시기에 아이는 엄마 어깨너머로 인문고전을 읽게 되었고, 논거를 제시하며 논리적으로 말하는 실력이 향상되었다. 엄마가 디베이트를 준비하면서 스피치 연습하는 걸 매주 반복해서 들은 덕분이다.

아이와 나는 서로 협력하고, 지원하고, 지지하는 관계로 발전해 가고 있다. 갓난아기 때는 내가 가용할 수 있는 시간이 0시간이었고, 두 살 때는 2시간…. 점점 늘어서 열 살이 되니 하루 8~9시간 정도 혼자만의 시간이 생겼다. 물론 그동안 집안일도 해야 하고, 가끔씩 강의도 하고, 재능기부 수업도 하기 때문에 순수하게 가용할 수 있는 시간은 4~5시간 남짓이다. 그래도 갓난아기 때에 비하면 시간 부자가 된 느낌이다. 이 시간을 얼마나 간절히 기다려왔던가.

그 귀중한 시간을 이제는 나를 위해 사용하면서 아이와 함께 커가는 엄마가 되고 싶다. 아이의 앞도 뒤도 아닌 옆에서 함께 걸으며…. 아이를 위해 헌신하고 희생만 하는 것이 아니라, 나도 내가 원하는 삶을, 내가 원하는 일을 하면서, 내가 원하는 방식으로 살아갈 방법들을 하나둘 찾아가는 중이다. 그런 내 모습을 보면서 아이도 자신의 삶을 더 진지하고 더 적극적으로 살아갈 것이라는 믿음이 있다.

실천하기

느낌에 이름 붙이기

마음을 건강하게 가꾸기 위해서는 자신의 감정을 적절히 표현해야 한다. 그 시작은 내 감정이 무엇인지 정확하게 아는 데에 있다. 다음은 한국비폭력대화교육원에서 제공하는 느낌 목록이다. 최근 마음이 불편했거나 혹은 좋았던 상황을 떠올려보자. 다음 목록 중 자신이 느꼈던 감정에 가깝다고 생각하는 단어에 모두 동그라미를 쳐보자. 해당 단어를 이용해 "나는 OO 했구나~"라고 말하다 보면 그 감정을 느꼈던 이유도 자연스럽게 떠오른다. 이런 방식으로 자신의 감정을 세밀하게 알아차리고 나면 마음이 한결 가벼워진다. 비폭력대화센터에서 제공하는 '그로그카드'를 활용하여 비슷한 작업을 하면 감정을 알아차리는데 훨씬 도움이 된다.

❶ 욕구가 충족되지 않았을 때

◆ 걱정되는 까마득한, 암담한, 염려되는, 근심하는, 신경 쓰이는, 뒤숭숭한

◆ 무서운 섬뜩한, 오싹한, 주눅 든, 겁나는, 두려운, 간담이 서늘해지는, 진땀 나는

◆ 불안한 조바심 나는, 긴장한, 떨리는, 안절부절못한, 조마조마한, 초조한

◆ 불편한 거북한, 겸연쩍은, 곤혹스러운, 떨떠름한, 언짢은, 괴로운, 난처한, 멋쩍은, 쑥스러운, 답답한, 갑갑한, 서먹한, 숨 막히는, 어색한, 찝찝한

◆ 슬픈 가슴이 찢어지는, 구슬픈, 그리운, 눈물겨운, 목이 메는, 서글픈, 서러운, 쓰라린, 애끓는, 울적한, 참담한, 처참한, 안타까운, 한스러운, 마음이 아픈, 비참한, 처연한

◆ 서운한 김빠진, 애석한, 냉담한, 섭섭한, 야속한, 낙담한

◆ 외로운 고독한, 공허한, 적적한, 허전한, 허탈한, 막막한, 쓸쓸한, 허한

◆ 우울한 무력한, 무기력한, 침울한, 꿀꿀한

◆피곤한 고단한, 노곤한, 따분한, 맥 빠진, 맥 풀린, 지긋지긋한, 귀찮은, 무감각한, 지겨운, 지루한, 지친, 절망스러운, 좌절한, 힘든, 무료한, 성가신, 심심한

◆혐오스런 밥맛 떨어지는, 질린, 정떨어지는

◆혼란스러운 멍한, 창피한, 놀란, 민망한, 당혹스런, 무안한, 부끄러운

◆화가 나는 끓어오르는, 속상한, 약 오르는, 분한, 울화가 치미는, 핏대서는, 격노한, 분개한, 억울한, 치밀어 오르는

❷ 욕구가 충족되었을 때

◆감동받은 뭉클한, 감격스런, 벅찬, 환희에 찬, 황홀한, 충만한

◆고마운 감사한

◆즐거운 유쾌한, 통쾌한, 흔쾌한, 기쁜, 행복한, 반가운

◆따뜻한 감미로운, 포근한, 푸근한, 사랑하는, 정을 느끼는, 친근한, 훈훈한, 정겨운

◆뿌듯한 산뜻한, 만족스런, 상쾌한, 흡족한, 개운한, 후련한, 든든한, 흐뭇한, 홀가분한

◆편안한 느긋한, 담담한, 친밀한, 친근한, 긴장이 풀리는, 안심이 되는, 차분한, 가벼운

◆평화로운 누그러지는, 고요한, 여유로운, 진정되는, 잠잠해진, 평온한

◆흥미로운 매혹된, 재미있는, 끌리는

◆활기찬 짜릿한, 신나는, 용기 나는, 기력이 넘치는, 기운이 나는, 당당한, 살아있는, 생기가 도는, 원기가 왕성한, 자신감 있는. 힘이 솟는

◆흥분된 두근거리는, 기대에 부푼, 들뜬, 희망에 찬

3장

아이 마음 근육을 키우라고 해서

01

다른 아이와 다르다는 걸 받아들였다

'도대체 뭐가 문제야?'

아이가 다섯 살 무렵 한동안 이런 생각이 머릿속에서 맴돌았다. 겉으로는 아이를 부드럽게 대하고 수용적인 태도를 보였지만 속으로는 또래와 다르게 행동하는 아이에 대해 '뭐가 문제야? 엄마 아빠가 그렇게 사랑을 듬뿍 줬는데….' 싶어 답답했다. 우리 아이는 친숙한 사람들에게 둘러싸여 있을 때는 더없이 안정감을 느끼고 행복해했지만, 낯선 환경과 낯선 사람들 앞에서는 지나치게 두려움을 느꼈다. 그런 아이를 이해하기 힘들어 때로는 '왜 얘만 이러지? 아이를 잘못 키웠나?'하는 마음이 들었다.

엄마로서 나의 본격적인 정신적 고난은 아이가 다섯 살 때부터 시작되었다. 수많은 자녀 교육서와 전문가의 말에 따르면 엄마와 충분한 애착관계를 형성하면 늦어도 다섯 살에 문제없이 분리가 된다고 했지만 내 아이에게는 그 이론이 맞지 않았다. 입학한 지 두 달이 지나도 유치원에 가기 싫다고 아침마다 울기 일쑤였다.

아이를 키우는 것에 큰 기쁨을 느끼는 행복한 엄마였고, 주변에서 선망하는 '좋은 엄마'였는데 내 아이가 왜 분리 불안을 느끼는지 알 수 없었다. 가슴이 조이는 것처럼 답답했다. 잘 모르는 사람들은 외동이라 오냐오냐 키워서 그렇다며 쉽게 말하곤 했다.

나는 살면서 갈등을 표현하지 못하고 회피하는 성향이 컸다. 그로 인해 억울하거나 답답한 상황도 종종 경험했기에 내 아이만큼은 자신의 감정을 잘 느끼고, 두려움 없이 잘 표현하는 아이로 키우고 싶었다. 아이가 자신의 감정과 생각을 잘 표현할 기회를 최대한 많이 제공하고, 아이에 말에 귀를 기울이고 정당한 욕구는 최대한 수용하려고 노력했다. 아이가 힘들다고 하는데 유치원에 억지로 적응시키는 것이 이율배반적인 행동처럼 느껴져서 고민했다.

결국 아이를 데리고 TV에 자주 등장하는 아동심리상담 전문가 A를 찾아갔다. 상담가 A는 아이와 나를 5분 남짓 지켜보고 상호작용 패턴을 진단했다. 오랜 시간 아동심리를 공부하고 임상경험이 풍부한 전문가이니 짧은 시간이라도 아이의 문제점을 한 눈에 척하고 알아낼 거라고 믿었다. 상담가는 "엄마가 지나치게 아이에게 잘해주네요. 코칭 좀 받아야겠습니다. 10회 훈육 코칭 프로그램을 들으면 도움이 될 겁니다."라고 말했다.

오랫동안 나를 지켜본 육아공동체 지인들은 "그 전문가가 정말 그렇게 말했어요? 말도 안 돼요. 도윤이가 조금 예민하긴 하지만 잘 웃고 잘 놀고, 자기 생각도 잘 표현하고, 친구들하고도 잘 어울리는데 뭐가 문제예요?"라며 의아해했다. 그렇게 믿고 싶었다. 그 전문가가 엉터리라고, 평가 상황의 여러 가지 변수를 고려하지 않은 채 섣부르게 진단한 거라고….

문제가 있다는 진단을 받고나니 무시할 수가 없었다. 다른 전문가를 만나보기로 했다. 시에서 무료로 지원하는 상담 프로그램을 이용했다. 거기에서 상담가 B를 만났다.

그에게 "다른 아이들이 다 할 수 있는 일을 내 아이만 못하는 것이 이해가 안 되고 답답해요. 유치원에 가는 것도, 영화관에서 영화를 보는 것도 다른 다섯 살 아이들은 어렵지 않게 하는데 왜 내 아이만 이렇게 힘들어하는지 알 길이 없어요."라고 하소연했다.

상담가 B 아이가 왜 꼭 다섯 살에 유치원에 가고, 영화를 봐야 하죠?

나 꼭 해야 하는 건 아니지만 다른 아이들이 아무렇지 않게 할 수 있는 행동을 못하는 건 문제 있는 거 아닌가요?

상담가 B 사람은 모두 타고난 기질과 성향이 달라요. 아이가 좀 예민한 것은 맞지만 그 예민함이 나쁜 건가요? 예민한 아이 중에 감각이 발달하고 똑똑한 아이들이 많아요.

나 그래도 남들이 다 하는 걸 못하니까 문제가 있는 것처럼 느껴져요.

상담가 B 그렇게 느낄 수 있죠. 하지만 다른 아이와 똑같은 아이로 키우려는 건 아니잖아요. 아이의 다름을 잘못되었다 여기지 않고 '다른 게 뭐가 문제야?'라고 생각하는 게 도움이 될 거예요.

만약 다른 아이처럼 영화를 볼 수 있게 하고 싶다면 서서히 적응시키는 것이 필요해요. "영화관에 잠깐만 들어갔다 나와 볼까?" 그다음에는 "영화관에 들어가서 5분만 보자. 계속 볼지 안 볼지 그때 결정하는 거 어때?"라고 말해보세요. 감각이 예민한 아이에게는 어두운 분위기와 시끄러운 소리가 공포심을 더 자극할 수 있어요. 아이에게 안전하고 괜찮다는 걸 반복적 경험으로 확인시켜주면 좋아요.

상담가 B는 그런 노력을 기울였는데도 아이가 여전히 유치원, 영화관에 가는 걸 힘들어한다면 굳이 애쓰지 말고 좀 더 커서 가면 되지 뭐가 문제냐고 했다. 생각해보니 영화관 자체는 큰 의미가 없고 다른 아이가 할 수 있는 일을 못하는 것 때문에 비교하는 마음에 힘들었다.

내 마음을 이해해주고, 내 아이의 고유한 기질을 괜찮다 수용해주는 상담가 B는 내게 있어서만큼은 저명한 상담가를 능가하는 실력자였다. 문제라고 생각하면 모든 것이 문제지만 문제가 아니라고 생각하면 아무것도 문제가 아닌 걸…. 초보 엄마였던 나는 처음 경험하는 좌절로 인해 불안감에 압도되었다. "뭐가 문제야? 문제없어. 괜찮아."라는 상담가 B의 메시지는 육아를 하는 내내 나에게 큰 지지가 되었다. 아이가 정서적으로 힘들어하면서 일 년 가까이 다니던 첫 유치원과 한 달 동안 다니던 두 번째 유치원을 결국 그만두었다. 걱정이 앞섰지만 상담가 B의 조언을 떠올리며 힘을 얻을 수 있었다.

아이를 어느 정도 키우고 보니 아이와 엄마의 기질, 성향이 모두 다르니 육아에 정답이 없다는 걸 확실히 알게 되었다. 아이는 일곱 살부터 엄마와 분리되는 상황에 적응하기 시작했다. 초등학교에 입학한 뒤에는 엄마가 최대한 늦게 데리러 오면 좋겠다고 부탁할 정도로 엄마 없이도 편하게 잘 지낸다. 내 아이에게 맞는 속도가 있었다.

다른 아이들과 비교하면 어떤 면은 빠르고 어떤 면은 느리다. 어떤 면은 뛰어나고 어떤 면은 부족하다. 다를 뿐이지 문제가 아니다. 다른 아이들에게 모든 면을 맞추려고 하면 아이도 엄마도 고생한다. 엄마는 그저 아이를 믿는 마음으로 사랑을 주고, 눈길을 자주 맞춰주고, 하루에도 몇 번씩 체온을 느끼게 해주면 된다. 그걸 뒤늦게 깨달아 마음고생이 많았다.

한 저명한 전문가를 강연에서 만난 적이 있다. 예전에 난 그가 쓴 책을 모두 읽었는데 그 강연에서는 그동안 해왔던 주장과 상반되는 이야기를 했다. 강연이 끝나고 물어봤다. "그동안 쓴 책들에서는 이렇게 저렇게 말씀하지 않으셨냐?"라고. 그 전문가는 "그게요…. 좀 난처하네요…. 요즘 양육 트렌드가 좀 바뀌었어요. 이제는 엄격한 훈육이 필요하다는 추세예요."라고 답했다.

헉! 그동안 당신의 책을 읽고, 당신이 출연한 프로그램을 보면서 육아해온 나는 어떡하라고. 그 이후 한동안 자녀 교육서도 안 읽고, 더는 강연도 듣지 않았다. 시간이 흘러 다시 육아서와 자녀 교육서를 손에 잡았지만, 나와 내 아이를 중심에 세우고 버릴 것은 과감히 버리고 취할 것만 선별적으로 취했다.

다른 아이와 똑같은 아이로 키우려는 건 아니잖아요.

아이의 다름을 잘못되었다 여기지 않고

'다른 게 뭐가 문제야?'라고 생각하는 게 도움이 될 거예요.

02

아이 스스로 하도록 했다

여섯 살 아이를 유치원에 보내지 않고 가정 보육을 하겠다는 결정을 내리기까지 이런저런 걱정이 많았지만, 아이와의 일상은 만족스러웠다. 그러던 중 늦가을에 접어들어 오랫동안 대기하던(추첨한 지 10개월 만에 연락을 받았으니 잊고 있었다는 것이 정확하겠다) 유치원에서 입학이 가능하다는 연락을 받았다. 좋다는 입소문이 자자한 유치원이고, 경쟁률이 치열한 곳이었지만 과연 내 아이에게 맞을지 장담하기 어려웠다. 하지만 입학한 다음 날 원장님과 통화한 후 '믿어도 좋겠다'는 생각이 들었다.

아이가 유치원에서 어떤 하루를 보내고 있을지 짐작하기 어려워 노심초사하고 있는 나에게 원장님이 연락을 해왔다. "걱정하고 계실 것 같아서 전화드렸어요." 아이를 떼어놓고 걱정하고 있을 엄마 마음을 헤아려 먼저 전화를 해줘서 고마웠다.

유치원 원장님은 "도윤이가 유치원에 다닐 마음의 준비가 되어 있는지 알아보려고 교실에 가서 수업하는 걸 지켜보았어요. 자기 생각도 분명히 잘 표현하고, 선생님 말씀도 잘 따랐어요. 그리 불안해보이지 않았어요. 엄마와 떨어져서 조금 슬퍼보이기는 하지만 곧 괜찮아질 정도인 듯 합니다. 제가 판단하기로는 도윤이가 유치원에 다니기에 무리 없는 상태로 보입니다."라고 했다.

그 원장님은 아이가 여섯 살이니 당연히 유치원 다녀야 하는 나이, 다닐 수 있는 나이라고 말하지 않았다. 나이와 상관없이 내 아이가 준비가 된 상태인지 아닌지를 중요하게 생각했다. 모든 아이를 같은 틀에 놓고 판단하지 않겠구나 싶어서 신뢰감이 커졌다.

연륜과 직업적 소명의식이 강한 원장님과 다정하고 따뜻한 담임 선생님 덕분에 아이는 일주일 만에 유치원에 마음을 붙였다. 더 나아가, 그 유치원에 다니면서 아이는 엄마인 나와는 하기 어려운 다양한 경험을 할 수 있었다. 무리하지 않는 수준에서 크고 작은 도전 과제들이 주어졌고, 아이는 그 과정 속에서 조금씩 단단해졌다.

그중 가장 기억에 남는 것이 대중교통 체험이다. 예닐곱 살 아이 네 명이 한 팀이 되어 엄마나 선생님을 동반하지 않고, 버스와 지하철을 타고 1시간 거리의 목적지에 도착하는 미션이 주어졌다. 우리 아이가 입학한 시기는 대중교통 체험 준비가 한창일 때였다. 엄마와 떨어져 유치원에 다니는 것도 간신히 적응한 상황이었는데 낯선 친구, 형, 누나들과 버스와 지하철을 타고 대중교통 체험하는 걸 아이는 몹시 두려워했다. 평소 엄마와 대중교통 나들이를 많이 해서 버스, 지하철을 이용하는 것이 꽤 익숙하지만 엄마없이 아이들끼리 하는 대중교통 체험은 상상만 해도 긴장감으로 몸이 뻣뻣해지는 듯했다.

입학하고 3~4주 뒤가 체험일이었는데 아이는 매일 불안을 호소했다. 유치원에 아이의 상황을 설명하고 체험에서 제외시켜달라고 부탁할 수도 있었지만 그러지 않았다. 내심 아이들끼리 대중교통 체험을 하는 게 가능할까 싶기도 했지만, 그 유치원에서 해마다 진행하는 연중행사이기 때문에 문제없이 진행될 거라고 믿었다.

엄마로서 두려움이라는 감정에 빠져 허우적대는 우리 아이를 도와줄 방법이 무엇인지 생각해보았다. 실제 체험을 하기 전에 엄마와 똑같은 경로를 가보고 익숙해지면 불안감이 줄 것이라 짐작했다.

유치원에서 안내받은 코스대로 똑같이 아이와 예행연습을 했다. 아이가 체험에 대비해 얼마나 준비가 되었는지 확인하고 싶기도 했다. 어떤 버스를 어디에서 타야 하는지, 차비로 얼마를 어떻게 내야 하는지도 알려주지 않았다. 아이가 이끄는 대로, 알려주는 대로 따르기만 했다. 아이 스스로 잘 준비되어 있다는 걸 확인시켜줄 요량이었다.

아이는 걷고, 버스 타고, 지하철로 환승하는 등의 과정에서 몇 번 출구로 나와 몇 발자국 걸어가면 왼쪽, 오른쪽, 앞쪽에 무엇이 있다는 걸 이미 유치원에서 꼼꼼히 배워서 기억하고 있었다. 그걸 나에게 부지런히 설명해주었다. 아이와 예행연습을 하면서 유치원 선생님이 대중교통 체험을 위해 얼마나 많은 준비를 했는지 확인할 수 있었다. 아이는 유치원에서 사진과 동영상으로 본 곳을 자기 발로 걸으며, 자기 눈으로 확인하는 과정에서 가슴을 짓누르던 불안감을 물리칠 수 있었다. 서서히 자신감이 차올랐다.

아이들은 대중교통 체험에 선생님이나 엄마들이 따라오지 않고 자기들끼리 간다고 알고 있었지만, 사실은 조별로 엄마들(아이들이 모르는 엄마들로 교차 배치했다)이 비밀 수행원처럼 아이들을 몇 발자국 뒤에서 밀착 주시하고 있었다. 만일의 사태에 대비하기 위함이었다. 그 사실을 전혀 짐작하지 못했던 아이들에게 그 도전은 엄청난 긴장감을 주었을 것이다. 하지만 유치원에서 철저하게 사전 연습을 시킨 덕분에 두려움을 이겨내고 대중교통 체험에 참여했다. 일곱 살 아이들은 여섯 살 때 이미 형, 누나들의 안내를 받아 대중교통 체험을 어렵지 않게 해낸 경험이 있어서 담담했다. 떨기는 커녕 불안해하는 여섯 살 동생들에게 자신들의 경험을 들려주며 마음을 다독여주었다고 한다.

유치원에서 버스정거장까지 아이들끼리 걸어가는 사전연습을 할 때 우리 아이가 무서워서 우니까 일곱 살 누나가 눈물을 닦아주고, 다독여주고, 위로해주었다고 한다. "누나가 끝까지 손 꼭 잡고 있을 테니까 걱정하지 않아도 된다."며 안심시켰단다. 큰 도전 앞에서 일곱 살이 여섯 살에게 의젓하게 누나 노릇을 했다는 말을 들으니 신기하고, 대견했다. '여섯 살, 일곱 살은 많이 어리다. 어른의 보호가 항상 필요하다.'는 생각이 얼마나 아이들을 얕잡아본 것인지 깨달았다.

아이는 그렇게 두려워하던 대중교통 체험을 마치고 난 뒤 성취감에 들떴다. "내가 해냈다."며 좋아했다. 어떤 일이 있었는지, 어떤 기분이었는지 한참을 설명했다. 이때의 경험을 통해 우리 아이는 자립심이 커졌다. "나 혼자서도 멀리까지 여행할 수 있어."라며 자신만만했다. 엄마에게 의존하는 마음이 줄어들고, 새로운 도전에 대한 두려움이 많이 사라졌다. "나 혼자 해볼래."라는 말이 늘어났다.

다음해 일곱 살이 되어 대중교통 체험을 할 때는 떨고 있는 여섯 살 동생의 손을 잡고 "내가 옆에 있어 줄 테니 걱정하지 않아도 된다."며 다독였다고 한다. 여섯 살 때 일곱 살 누나가 자신에게 해준 것처럼.

조선미 박사는 저서 《영혼이 강한 아이로 키워라》에서 "새로운 과제에 대한 노출은 어느 정도 준비되어 있느냐에 따라 난이도를 조절하면 얼마든지 배워나갈 수 있다"라며 적절한 시련은 도움이 된다고 말한다. '아이에게는 시련을 주지 말아야 한다. 어린아이의 일상은 즐겁기만 해야 한다.'며 아이가 힘든 일은 절대 시키지 않겠다는 엄마들이 많다. 나도 그런 엄마에 가까웠다. 하지만 감당할 만한 도전은 정신력을 강하게 만들고 스스로를 믿는 힘을 키워준다는 걸 그때의 경험을 통해 알게 되었다.

03

눈치 보지 않고 자신을 표현하도록 했다

나는 감정 표현에 자유롭지 않아 살면서 가슴 답답한 일이 많았다. 그래서 아이만큼은 자기 생각과 감정을 잘 알아차리고 표현하는 사람으로 키우겠다는 각오가 있었다. 그 방법을 익히는 데 도움이 되는 책들이 많았지만, 그중에서《내 아이를 위한 사랑의 기술》이 아이의 감정을 다루는 태도에 결정적인 영향을 끼쳤다. EBS 다큐멘터리로 시청하고 난 뒤 책을 구입해서 여러 번 읽고, 부록 CD도 반복해서 시청했다.

존 가트맨 박사는《내 아이를 위한 사랑의 기술》을 통해 "감정은

다 받아주고 행동은 잘 고쳐주라."는 메시지를 전한다. 그는 아이의 감정을 인식하고, 인정하고, 표현하도록 도움을 주고, 아이가 스스로 문제를 해결하도록 교육해야 한다고 강조한다.

존 가트맨 박사의 가르침에 따라 아이가 말을 배울 때부터 마음을 읽어주는 대화를 많이 나누었다. 아이의 감정 표현을 적극적으로 지지해주고, 공감해주며 경청과 소통을 잘하려 노력했다. 그 덕분인지 어린아이가 신기할 정도로 자기 생각과 감정을 적절한 단어로 잘 표현한다는 선생님의 피드백을 유치원 때부터 들었다. 잘 키웠구나! 안심하던 차에 정말 괜찮기만 한 걸까 하는 우려가 조금씩 생기기 시작했다.

아이는 시골의 작은 초등학교에 다니고 있다. 전 학년을 다 합쳐도 80여 명이다. 학생 수가 적다보니 형, 누나, 동생들이 뒤섞여 노는 경우가 많다. 어느 날 아이가 하교하는 길에 씩씩거렸다. 4학년 형이 1학년 아이들과 함께 놀다가 갑자기 제멋대로 규칙을 어기고 게임판을 엎어버리며 놀이를 강제로 끝냈단다. 그래서 얼떨결에 "야~아."라고 했는데 형이 화를 냈다고 한다. "이거 말로 해서 안 되겠네. 맛 좀 봐야 정신을 차리지." 하더니 아이의 뒤통수에 가위를 대고 싹둑거리더란다. 실제 머리카락을 잘랐는지는 모르겠지만 자기 머리카락을 잡아당기면서 가위질 하는 소리는 확실히 들었다고 한다.

난 가위라는 말에 가슴이 쿵쾅거리기 시작했다. 여덟 살짜리 아이의 머리카락을 고학년 형이 강제로 잡고 가위로 자르는 모습이 그려져서 마음이 몹시 불편했다. 하지만 감정적으로 대응하기보다는 놀라고 당황스럽고 두려웠을 아이의 마음을 먼저 읽어주고 공감해주었다.

아이의 마음이 진정되고 난 뒤 "네가 형한테 '야~아.'라고 했을 때 그 형 기분은 어땠을까? 어린 동생이 형한테 '야~아.'라고 말하면 그 형 입장에서는 불쾌했을 것 같은데 네 생각은 어때?"라고 물어보았다. 아이는 "형도 기분 나쁘긴 했겠다. 그건 내가 잘못했어. 형이 갑자기 놀이판을 엎어버리니까 나도 모르게 그렇게 말이 나왔어. 아무리 그래도 머리카락을 잡아당기고 가위로 자르는 건 나쁜 행동이잖아."라고 말했다.

나 또한 그 상황을 대수롭지 않은 것으로 이해해 보려고 해도 '어떻게 그럴 수가 있지?' 싶었다. 그래서 아이의 학교 담임선생님께 어떤 일이 있었는지 확인해달라고 부탁드렸다. 담임선생님은 상대 형의 담임선생님과 당사자, 같은 자리에 있던 아이들 몇 명을 모아 자초지종을 들었다고 한다. 알고 보니 작은 문구용 가위를 때마침 손에 들고 있던 형이 '건방진' 동생에게 살짝 겁을 주기 위해 머리카락을 잡고 자르는 척했다고 한다. 어린 동생에게 위협적으로 느껴질 행동을 한 것에 대해 형이 사과하는 것으로 상황은 일단락되었다.

진짜 고민은 그 이후에 시작되었다. 담임선생님은 "도윤이가 입바른 소리를 하는 편이라 일부 형들이 곱지 않게 보는 시선이 있어요."라고 말했다. 다른 아이들은 형들이 지시하면 두말없이 순응한단다. 우리 아이는 형의 말이라도 부당하다고 생각하면 싫다는 의사를 명확히 하고, 따르기를 거부한다는 것이다. 그런 행동이 반복되면 형들의 미움을 살 수도 있으니 조금 주의 깊게 살펴봐야 할 것 같다는 의견을 들었다.

몇 달이 지난 어느 날 선생님에게 연락이 왔다. 형들과 눈싸움을 하다가 아이의 눈두덩이에 상처가 났다고 한다. 알고 보니 단순 눈싸움이 아니라 약간 혼내주자는 의도가 있었단다. '다소곳하지 않은' 태도가 형들의 심기를 긁던 참에 눈싸움을 핑계로 우리 아이를 향해 눈뭉치를 던졌다는 것이다. 전날 내린 눈이 굳어 얼음 알갱이가 살짝 생겼는데 그게 눈두덩이에 맞으면서 작은 상처를 냈다.

두 사건을 겪으며 자기 생각과 감정을 거침없이 표현하는 아이가 조금 걱정되었다. 지금이야 1학년이라 어려서 큰 문제 없겠지만, 학년이 올라가면서 비슷한 상황이 반복되면 본격적인 괴롭힘을 당하게 되는 것 아닌가 싶어서다. 어느 날 내 고민에 대해 아이와 대화를 나누었다.

엄마 형들이 하라는 걸 안 한다고 하거나 잘못이라고 대들면 너를 미워하고 때릴까 봐 엄마는 걱정돼.

아이 그럼 선생님에게 말하면 되지! 난 형들이 때리는 거 두렵지 않아. 할 말은 당당히 할 거야. 맞아서 생긴 상처는 시간이 지나면 아물지만, 마음에 생긴 상처는 잘 낫지 않아. 억울한 마음을 표현하지 않으면 마음에 상처가 생겨. 아무리 시간이 지나도 치료되지 않아.

형들에게 괴롭힘을 당하거나 외톨이가 되더라도 할 말은 하겠다는 여덟 살 아이가 엄마인 나보다 훨씬 어른 같았다. 언제 이렇게 마음이 단단해졌나 싶어 내심 놀랐다.

그 용기를 어른이 되어서도 간직할 수 있다면 남들에게 휘둘리지 않고 자신의 삶을 당당히 살아갈 수 있을 텐데…. 그 용기를 끝까지 지키고 키워가려면 엄마로서 무엇을 어떻게 해줘야 할까? 고민이 깊어졌다. 이후 자기 생각과 감정을 자유롭게 표현하되, 다른 사람의 입장 또한 살필 수 있도록 대화를 자주 나누었다. 용기를 간직하되 상대방의 마음도 따뜻하게 배려할 수 있는 사람으로 키우고 싶었다. 다행히 아홉 살, 열 살이 되면서 하루가 다르게 다른 사람의 입장도 헤아리고, 다름을 받아들이고, 존중하는 태도를 보이고 있다.

용기와 배려의 균형이 잡혀야 자기답게 살면서도 따뜻한 인간관계를 맺을 수 있을 것이다. 그 방법은 책이 아닌 행동을 통해 모방할 수 있다. 아이에게 가장 많은 영향을 주는 부모인 나부터 용기와 배려의 모습을 몸소 보여주는 것이 가장 효과적이다. 그러려면 많은 연습과 노력이 필요하다. 이래서 아이를 키우면서 엄마도 함께 성장한다는 말이 나온 듯하다.

04

끝까지 포기하지 않도록 그릿의 힘 기르기

그릿은 의지, 끈기를 아우르는 말로, 그릿을 키우는 핵심은 좌절을 이겨내는 경험이라고 한다. 좌절을 딛고 일어서는 경험, 불가능해 보이던 일을 노력해 이뤄낸 경험은 아이가 새로운 도전에 뛰어들 수 있도록 하는 원동력이 된다. 《GRIT》의 저자 앤절라 더크워스는 어떤 일을 포기하는 행동을 그대로 내버려둔다면 아이는 점점 더 쉽게 포기하게 된다며, 아이에게 그릿의 힘을 길러줘야 한다고 강조한다.

아이가 유치원 때까지는 그저 많이 놀고, 많이 체험하고, 요리와 집안일도 함께 하면서 정서적 안정감과 애착을 형성하는 데 집중했다. 아이가 잘하고 즐길 수 있는 일을 하나둘 찾아주려고 노력한 건 아이가 여덟 살부터였다.

첫 번째 시도는 '수영'이었다. 아무리 시골 작은 학교에 다니며 많이 놀 수 있다고 해도, 신체 활동은 옛날 아이들과 비교하면 현저히 부족하다고 생각해 수영 수업에 등록했다.

처음에 아이는 낯선 수영장과 엄격해 보이는 선생님을 두려워했다. 아이는 유독 엄마 없이 낯선 환경에 놓이는 걸 어려워했다. 일곱 살까지는 아직 이르다고 생각했기에 아이가 겁을 내거나 거부하는 일은 억지로 시키지 않았다. 하지만 언제까지 감쌀 수는 없다고 생각했다. 초등학교에 입학하면서 아이의 마음도 훨씬 단단해진 것이 보였기에 이제 그 정도 어려움은 극복할 때가 되었다고 믿었다.

그래서 수영장에 가기 싫다는 아이의 어리광을 받아주지 않았다. 단호한 태도로 "수영을 배워야 한다."라고 말하고 대신 수영장에 입장할 마음의 준비가 될 때까지 충분히 기다려주었다. 처음에는 30분, 시간이 조금 흘러서 10분, 그러다 바로 들어갈 수 있을 때까지 한 달 정도 걸렸다. 처음에는 펑펑 울면서, 조금 시간이 지나니 훌쩍거리며, 더 시간이 지나니 쿨하게 손을 흔들며 입장했다.

가끔은 힘들다고 투정을 부리기도 했다. 수업이 있는 날이면 배가 아프다, 종아리가 아프다 등 핑계를 대며 은근히 수업에 빠지고 싶어 했다. 힘들어하는 모습에 마음이 약해지다가도 힘들다고 도중에 포기해버리면 이겨내는 경험을 할 수 없다는 생각에 응석을 받아주지 않았다. "수영을 할 수 없을 만큼 아프다면 선생님에게 말씀드리고 나와도 돼. 일단 들어가."라는 식으로 대했다. 막상 수영장에 들어갔다가 도중에 나오는 일은 없었다. 이렇게 대처하자 점차 응석이 줄고 수영을 당연히 해야 하는 수업으로 생각하게 되었다. 어느 순간부터는 "피곤해 보이는데 오늘 수영 수업 쉴까?"라고 물어보면 오히려 싫다면서 수업에 참석했다.

아프다는 아이를 수업에 들여보낸 이유는 진짜 아픈 게 아니라는 걸 알았기 때문이다. 수업을 마치고 돌아온 아이에게서 뿌듯한 표정이 비쳤기 때문이기도 하다. 수영 수업이 끝나면 오늘 무엇을 배웠는지, 무엇을 할 수 있게 되었는지, 기분이 어땠는지 엄마에게 자랑하느라 들떴다.

처음에는 물에 들어가는 것조차 두려워하던 아이가 물속에서 앞으로 나아가는 경험을 하고, 그 속도가 점점 빨라지고, 능숙해졌다. 어느 순간 자기 키보다 2배 정도 깊은 수심에서도 거침없이 수영을 하게 되었다.

수영은 실력이 느는 걸 눈에 띄게 실감할 수 있기 때문에 '고난을 극복하여 성공하는 경험'을 해보기에 아주 적합하다. 단계가 올라갈 때마다 성취감과 자신감이 커진다. 처음 수영을 배울 때와 현저하게 달라진 걸 아이 스스로 경험한 덕분인지 수영을 계기로 새로운 것을 배우는 태도가 바뀌었다.

그해 아이는 도예를 배우더니 술잔 6개를 몇 주에 걸쳐 만들어 왔다. 술자리를 즐기는 엄마, 아빠를 위한 선물이었다. 이후 그릇과 접시도 만들었는데, 아이가 만들어 온 그릇은 다른 어떤 그릇보다 자주 식탁에 올렸다. 아이의 정성과 노력이 깃든 특별한 그릇이라 더없이 소중하기도 하고, 자신이 들인 노력의 가치를 인정받으면서 아이의 자신감과 성취감도 커지기 때문이다.

어느 날 아이는 "뭐든지 도전 해볼 거야. 힘들고 지루해도 끝까지 참고 해낼 거야. 그래야 잘하게 돼. 잘하면 즐길 수 있게 돼."라고 말했다. 쉽게 포기하지 않고 두려움과 어려움을 이겨내면서 아이가 할 수 있는 일들이 점점 늘어났다. 자신이 무엇이든 해낼 수 있는 사람이라는 자기 확신, 그것이 아이가 평생 가져갈 자산이다.

실천하기

아이의 그릿 키워주기

성공적인 삶을 살아가는 데 있어 가장 중요한 태도로 손꼽히는 그릿(GRIT)은 다음 네 가지 요소로 구성된다. 성장 마인드셋(스스로 성장하고 발전할 수 있다는 신념), 회복탄력성(어려움과 역경에도 포기하지 않는 의지), 내재 동기(자발적인 열정), 끈기(끝까지 노력할 수 있는 능력)이다.

❶ 성장 마인드셋

아무리 어려운 일도 꾸준히 노력하면 결국 잘하게 된다는 것을 스스로 체감할 수 있는 활동이 도움이 된다. 수영, 발레, 피아노 등. 아이마다 고유한 특성과 재능을 가지고 있으므로 성장 마인드셋 강화에 효과적인 활동은 다를 수 있다. 하지만 그러한 활동을 통해 결국 얻게 되는 태도는 '할 수 있다'와 '하면 된다'는 성장 마인드셋(Growth Mindset)이다.

❷ 회복탄력성

회복탄력성이란 마음에 상처를 입더라도 다시 일어날 수 있는 마음의 탄력이라고 할 수 있다. 최성애 교수는 저서 《나와 우리 아이를 살리는 회복탄력성》에서 회복탄력성을 "단지 역경을 극복하는 힘이 아니라 활력 있고, 생동감 있고, 즐겁고, 진정성 있는 삶을 살 수 있는 능력"이라고 정의한다.

❸ 내재 동기

하워드 가드너의 유명한 다중지능이론에 따르면 인간의 지능은 독립적인 여덟 개의 요소 즉, 언어지능, 논리-수학지능, 시각-공간지능, 음악지능, 신체-운동지능, 자연지능, 대인관계지능, 자기이해지능으로 구성된다. 타고난 지능을 잘 파악하기 위해서는 자녀의 말과 행동, 태도, 관심사 등을 유심히 관찰하고 기록으로 남겨서 데이터베이스를 축적하는 것이 좋다고 전문가들은 말한다. 자녀의 지능을 가장 잘 알 수 있는 방법은 정형화된 적성 검사 도구가 아니라 부모의 관심 어린 관찰이라는 것이다. 자녀의 고유한 지능을 잘 파악할수록 내재 동기를 이끌어 내기가 용이해진다.

❹ 끈기

아이가 끈기 있는 사람으로 성장할 수 있는 동력은 유대관계가 잘 형성된 부모의 지지와 격려에 있다. 부모의 지지와 격려는 자녀가 끈기 있게 노력하여 어려움을 극복하고 성취를 이루어내는 데 중요한 역할을 한다.

4장

일상이 놀이가 되면 육아가 쉬워진다고 해서

01

놀이로 일깨우는 식사 시간의 즐거움

아이가 2~4세 시기 가장 힘들었던 일 중 하나가 '먹이기'였다. 간식을 제외하더라도 하루 세 번, 1년 365일 반복해야 하는 식사 시중은 인내심을 필요로 하는 일이었다. 아이는 식사 시간에 장난치거나 돌아다니는 등의 행동을 반복했다. 식사를 마치는 데 한 시간 이상 걸리는 일도 다반사였다. 정성껏 음식을 준비하고, 어르고 달래서 간신히 먹인 뒤 돌아서면 바로 다음 끼니를 준비해야 할 시간일 때도 있었다. 그런 날은 정말 한숨밖에 나오지 않았다.

어른들은 아이가 밥을 안 먹으면 주지 말라고 하지만 예전과 식

생활 환경이나 문화적 상황이 다르니 아이도 쉽게 넘어오지 않는다. 안 먹으면 밥상을 치운다고 엄포도 놓아보지만, 손만 뻗으면 언제라도 입에 넣을 먹거리가 넘쳐나는 걸 아이도 아는지라 끝까지 버틴다. 결국 엄마는 항복할 수밖에 없다. 아이가 밥을 먹지 않는 것만큼 엄마 마음을 힘들게 하는 일도 없기 때문이다. 끼니때마다 길고 긴 밥 시녀 노릇이 되풀이된다.

예전에 나는 음식 준비에 많은 공을 들였다. '잘 먹이는 일'에 집착했다. 유기농이 아닌 음식을 먹이면 아이 몸에 탈이라도 날까 봐 불안에 떨고, 한 끼라도 굶으면 큰일이라도 날 것처럼 마음 졸였다. 매끼 밥상을 차려줄 때도 새 반찬을 2개 이상 만들어 주었다. 아이의 미각을 자극하기 위해 다양한 음식을 맛보게 해줘야 한다고 생각한 까닭이다. 한 끼라도 대충 먹이면 아이가 성장하는데 필요한 영양소를 제대로 공급하지 못할 것 같았다. 하지만 그런 노력이 무색하게도 아이는 네 살 때까지 먹는 걸 그리 즐기지 않았다.

어느 날 오은영 박사의 강연에 갔다가 "잘 먹이려고 엄마도 마음 고생하고 아이에게도 스트레스를 줄 바에야 차라리 사서 먹이라."는 말을 들었다. 처음에는 이게 무슨 소리인가 의아했는데 듣고 보니 이런 이유였다.

> 마음이 편안한 것이 모든 행복의 근원이고, 마음이 불편한 것은 모든 병의 시작이다. 골고루 먹는 것은 잔병치레를 안 하는 데 도움이 된다. 하지만 하나부터 열까지 건강, 건강 하면서 다 따지면, 오히려 스트레스로 건강이 나빠진다. 기본적으로 몸에 나쁜 것은 안 먹으면 된다. 너무 더러운 것은 안 만지면 된다. 그러나 사람은 누구나 자기를 보호할 수 있는 능력이 있다. 웬만한 더러운 것을 만져도, 상피세포가 더러운 것이 내부로 들어오지 못하도록 막아 준다. 나는 즐거운 마음으로 열심히 일하고 맛있게 먹으면, 그것이 건강에 가장 좋다고 생각한다.
>
> -오은영,《못참는 아이 욱하는 부모》, 코리아닷컴, 200쪽

먹지 않는 아이를 윽박지르며 스트레스를 주는 것보다 마음을 편히 갖는 게 낫다는 것이다. 일리 있는 말이라 생각했다. 내 지인 중에도 유난히 밥 먹는 걸 힘들어하는 아이 때문에 애를 태우는 엄마가 있었다. 아이는 엄마가 떠먹인 밥을 입에 물고 5분도 넘게 우물거리는데 정작 삼키지는 못했다. 엄마는 아이가 잘 먹지 못해서 왜소하고, 잔병치레가 많다고 걱정했다. 그래서 한 숟가락이라도 더 먹이고 싶은 마음에 어서 음식을 삼키라고 아이를 윽박지르곤 했다. 아이는 삼키고 싶은데 음식이 넘어가지 않는다며 눈물을 글썽였다. 악순환을 반복하는 엄마와 아이의 모습이 안쓰러웠다. 이

어릴 때부터 먹는 과정을 즐겁게 여기도록 하는 것이

많이 먹이고, 잘 먹이는 것보다

아이의 일생에 미치는 유익이 훨씬 크다는 걸 깨달았다.

런 일이 반복되면 아이에게 '식사 시간 = 혼나는 시간 = 고통스러운 시간'으로 각인된다. 마고 선더랜드도 책《육아는 과학이다》를 통해 부모가 초조해하면 아이는 불안해하고 식욕을 잃게 된다며 부모의 느긋한 태도를 강조한다.

이런저런 시행착오를 거치면서 나는 잘 먹이려는 집착에서 조금씩 벗어났다. 매끼 만들던 새로운 반찬을 줄여서, 음식 준비하는데 드는 수고를 덜었다. 대신 반찬 만드는 전 과정을 아이와 놀이처럼 느긋하게 즐기기 시작했다. 아이가 요리에 어떤 재료를 혼합하든지 제지하지 않았다. "원하면 해 봐."가 내가 주로 했던 말이다. 그러면 아이는 나름의 창의성을 총동원해 해괴망측한 새로운 요리를 만들어내기도 했다. 그런 요리라도 자신이 만들었으니 '세상에서 제일 맛있는 음식'이라며 먹는 기쁨을 누렸다. 아이에게 먹어라 마라 간섭하지도 않았다. 먹을 테면 먹고 말 테면 말라는 식으로 태도를 바꿨다. 엄마인 내가 먹이는 일에 전전긍긍하지 않자 오히려 아이 스스로 자기 먹거리를 열심히 챙기기 시작했다.

먹는 즐거움은 사람이 누릴 수 있는 행복감 중에 가장 빈번하고, 가장 손쉽게 접할 수 있는 긍정적인 감정이다. 어릴 때부터 먹는 과정을 즐겁게 여기도록 하는 것이 많이 먹이고, 잘 먹이는 것보다 아이의 일생에 미치는 유익이 훨씬 크다는 걸 깨달았다. 값비싼 재료, 복잡한 요리법, 화려한 모양을 위해 수고하는 대신 아이와 함께 요리하고, 음식을 먹는 과정에 자율성과 재미를 가미하니 아이도 나도 식사 시간이 즐거워졌다.

여기에 더해 아이가 즐겁게, 스스로 밥을 잘 먹을 수 있도록 도와주기 위해 아이 눈높이에 맞는 '식사 놀이'를 생각해 냈다. 다음은 우리 아이에게 아주 잘 통하던 대표적 방법이다.

❶ 자동차가 배고프대

자동차를 좋아하는 아이를 유혹하기 위해 식탁 위에 토니 자동차 장난감 10여 대를 줄지어 늘어놓는다. 엄마인 나는 장난감 자동차들의 말을 알아들을 수 있는 것처럼 연기한다.

엄마 자동차들이 밥이 너무 먹고 싶대. 자기들은 입이 없으니 누가 대신 먹어주면 좋겠다고 하네. 어쩌지?

아이 내가! 내가!

엄마 도윤이가 자동차를 위해 대신 먹어줄 거야? 우와~ 얘들이 정말 좋아하는데! (아이가 밥을 먹으면 자동차에 귀를 대고 듣는 척하면서) 맛있다는데! (다음 순서 장난감 자동차를 바라보며) 너는 무슨 반찬 먹고 싶다고? 시금치? 그런데 도윤이가 시금치는 좋아하지 않는데 어쩌지?

아이 (옆에서 듣고 있다가) 엄마, 나 시금치 먹을 수 있어.

엄마 정말?

아이 (먹고 우쭐하며) 시금치 맛있어~ 또 줘.

❷ 다람쥐가 어딨지?

엄마 (사방을 두리번거리고 식탁 아래도 내려다보며) 어머! 우리 집에 다람쥐가 들어왔나 봐. 밥이 자꾸 없어져. (숲에서 도시락을 먹을 때 다람쥐나 청설모가 기웃거리는 걸 여러 번 경험한 터라 이런 말이 우리 아이에게는 그럴싸하게 들린다)

아이 정말? 어디?

(밥을 한 숟가락 떠서 반찬을 올려놓고 다람쥐를 찾는 척하며 시간을 끈다. 그 사이 아이는 얼른 숟가락에 있는 밥을 입에 넣고 시치미를 떼고 있다. 표정에는 장난스러움이 가득하다)

엄마 (아이가 밥을 씹고 있는 걸 못 본 척하며 놀란 표정으로) 이것 봐! 또 없어졌잖아. 내가 분명히 숟가락에 밥을 퍼 두었거든. 이상하다. 다람쥐가 어디 숨어 있는 거지?

아이 킥킥킥

❸ 가위바위보

엄마 가위바위보 게임을 해서 이기는 사람만 밥 먹기로 하자.

아이 그래?

엄마 (아이가 눈치챌 수 있게 천천히 손을 내민다. "엄마는 가위 내려고 해."라며 노골적으로 알려줘도 좋다) 가위바위보! (지면) 아~ 밥 먹고 싶은데 져서 먹을 수가 없잖아. (엄마도 정말 먹고 싶은데 져서 못 먹는 게 아쉽다며 실감 나게 연기해주면 효과적이다. 한두 번 정도는 엄마가 이겨서 혼자만 밥 먹는 걸 보여주면 '이겨서 먹고 싶다'는 아이의 승부욕을 자극하는 데 도움이 된다. 빠른 시간 안에 즐겁게 식사를 마칠 수 있다)

02

함께 요리하며 자신감을 키웠다

"이거 실화냐? 이런 일이 어떻게 가능해?" 아이가 일곱 살 때 김장한 동영상을 본 사람들의 반응이다. 김치 버무리다가 배추 속잎 한 줄기에 매운 양념소를 올리고 돌돌 말아 한입 가득 넣고 맛있게 먹는 모습은 보고 있어도 믿기 어렵다고 한다. 시뻘겋고 매운 김장김치를 어른처럼 맛나게 먹는 어린아이를 주변에서 볼 기회가 거의 없기 때문일 것이다.

아이를 임신했을 때부터 주말농장 텃밭을 가꾸기 시작했다. 아이가 크면서 아이와 함께 텃밭에 자주 갔다. 그 덕분에 아이는 풋

고추, 오이, 토마토는 밭에서 따서 바로 씻어 먹을 정도로 채소에 대한 거부감이 없었다. 다섯 살부터는 텃밭에서 재배한 배추, 무, 알타리 등을 직접 뽑고 손질도 했다. 절인 채소를 헹구고 양념 만드는 일도 거들었다. 모든 재료 준비가 끝나면 커다란 고무장갑을 끼고 엄마 옆에 앉아서 김장 배추에 속을 넣기 시작했다. 어린아이의 손에 어른 고무장갑(요즘은 어린이용 고무장갑도 있다)은 너무 커서 줄줄 흘러내렸다. 고무줄로 고정해도 잘 맞지 않았다. 엉성하고 어설프지만 어른 흉내 내며 김칫소를 넣는 걸 아이는 무척이나 재미있어했다. 사뭇 진지하기까지 했다. 흡사 도공이 작품을 빚듯 한 줄기 한 줄기 정성을 기울여 양념소를 넣었다. 그 모습이 귀엽기도 하고 기특하기도 했다.

처음으로 김장을 하던 해에는 손놀림이 아주 서툴러서, 배추 한 쪽에 김칫소를 넣는데 30분도 넘게 걸렸다. 해가 갈수록 품새가 그럴듯해졌다. 김칫소를 넣다가 배추 한 줄기 떼어내 속을 넣고 돌돌 말아 맛을 보는 것도 빼먹지 않았다. 고개를 한껏 뒤로 제치고 입을 크게 벌린 채 김치를 입안 가득 넣고 맛을 보았다. 딱 엄마와 할머니가 보여주던 모습 그대로였다.

유치원이나 어린이집에서도 겨울이면 김장 체험을 하는 곳이 많다. 집에서의 김장과 차이가 크다. 보육시설에서는 절인 배추를 한 아이마다 1~2쪽씩 나누어주고 이미 만들어둔 김칫소를 배춧잎에 바르게 한다. 물론 이런 경험도 소중하지만 지나치게 단순하다. 길어야 1시간이면 끝이 난다. 엄마와 김장을 할 때는 배추를 뽑아서 손질하고 소금에 절이고 양념을 만들고 소를 넣는 과정까지, 12시간(절인 배추를 구입해서 김장을 하면 3~4시간)이 걸린다.

모종을 텃밭에 심어 키우고 수확해서 손질하고 절이고 양념하고 발효시키는 전 과정까지 본다면 3개월 정도의 정성을 들인 끝에 먹을 수 있는 게 김치라는 것을 아이는 경험으로 깨우친다. 한 접시의 김치가 밥상 위에 오르기까지 얼마나 많은 시간과 노력이 필요한지 직접 체험해서 알고 있는 아이는 음식을 귀하게 생각한다. 그런 이유로 나는 아이에게 어떤 일을 경험하게 할 때 가급적 처음부터 끝까지 전 과정에 동참시킨다. 그것이 제대로 배우고 깨우치는 지름길이라고 생각하기 때문이다.

《삶 문학 교육》을 쓴 이오덕 작가는 어릴 때부터 자신이 할 수 있는 일에 동참시키는 것이 참 교육이라고 말한다. 놀이 전도사로 유명한 편해문 작가도《아이들은 놀이가 밥이다》라는 책에서 부모가 몰두하는 일을 따라하는 것이 아이들에게 가장 훌륭한 놀이라고 했다.

하지만 요즘은 아이들이 부모와 보내는 시간이 적고, 일상적인 가정에서의 일을 경험할 기회가 많지 않다. 궁여지책으로 체험 프로그램에 비용을 지급하고 참가하지만, 진짜가 아니다. 쿠키 만들기 체험에 참여하면 이미 잘 만들어진 반죽을 똑같은 틀에 찍어내 오븐에 넣는 게 고작이다. 먹을 수 있다는 것만 빼면 찰흙으로 모형을 만드는 과정과 다르지 않다.

밀가루를 흘려가며 계량하고, 소금과 설탕, 버터를 섞어 반죽도 해봐야 쿠키를 만들려면 밀가루, 소금, 설탕, 버터가 필요하다는 걸, 밀가루는 많이 필요하고 소금은 조금만 필요하다는 것 등을 경험으로 알 수 있다. 자신이 원하는 만큼 반죽을 떼어 내어 제멋대로 모양도 만들어보고 삐뚤빼뚤 나만의 개성이 묻어나는 작품(?)을 만들어야 충분한 몰입감과 만족감을 느낄 수 있지 않을까? 살아있는 지식이 되어 웬만하면 잊어버리지 않을 것이다.

먹는 일은 생존과 직결되므로 스스로 음식을 만들 수 있다는 자신감은 인간에게 무척 중요한 의미가 있다고 한다. 의식주를 스스로 해결할 능력이 있다고 믿는 사람은 무의식적인 불안감이 적단다. 그런 이유로 대안학교들을 대체로 의식주를 스스로 해결할 수 있는 능력을 최우선으로 키우고자 노작 활동을 중심으로 수업을 진행한다.

아이에게 스스로 요리할 기회를 주는 것이

아이를 행복하게 하는 길이라고 믿는다.

음식을 준비하는 전 과정은 생각보다 어렵지 않다. 간단하고 쉬운 요리도 많다. 매일이 어렵다면 주말에 한 번쯤이라도 아이들과 장보기부터 손질, 요리, 식탁 차리고 먹고 치우는 전 과정을 놀이처럼 함께 하면 재미도 느끼고, 정서적인 교감과 애착, 자기 효능감도 느낄 수 있다. 아이에게 스스로 요리할 기회를 주는 것이 아이를 행복하게 하는 길이라고 믿는다.

03

아이와 함께 텃밭 가꾸기

텃밭 가꾸기에 관해 임재택의 《생태유아교육개론》에서는 자연을 오감으로 느낄 수 있는 놀이이자 일의 즐거움을 깨우칠 수 있는 놀이라고 극찬한다. 김영훈의 《4~7세 창의력 육아의 힘》에서도 자연 속에서 창의력을 일깨울 수 있는 놀이라고 말한다.

우리 가족은 임신 때부터 아이가 여섯 살 때까지 7년간 네 군데의 주말농장에서 텃밭을 가꾸었다. 처음 시작은 태교에 좋을 것 같다는 막연한 기대감과 임신 중 무료함을 달래보자는 단순한 동기로 접하게 되었다. 해를 거듭하고 아이가 커갈수록 텃밭 가꾸기가 아이의 정서와 성장발달에 얼마나 많은 도움을 주는지 알 수 있었다. 다수의 아동발달전문가들이 자연 놀이, 생태 활동을 강조할 때마다 정말 그렇다고 느꼈다.

외동을 키우는 데 가장 큰 어려움은 함께 놀 형제가 없으니 친구를 찾아 전전해야 한다는 점이다. 아이가 커갈수록 친구를 찾는 빈도가 높아진다. 주중에는 이런저런 모임을 통해 친구들을 자주 만나니 별문제가 없지만, 주말이 되면 친구와 만나고 싶다며 보채는 아이를 달래느라 애를 먹곤 했다. 주말에는 각자 가족들과 지내는 것이 불문율이라 친구들과의 만남은 어쩌다 한번, 가뭄에 콩 나듯 있는 일이었다. 아이가 외로움을 느끼지 않게 하려면 친구가 생각나지 않을 만큼 재미난 일정을 만들어야 할 것 같았다. 하지만 주5일 내내 독박 육아하느라 지칠 대로 지친 나와 야근을 밥 먹듯 하느라 늘상 잠이 부족한 남편은 주말마다 특별한 일정을 만드는 데 부담감을 느꼈다. 어디로 어떻게 가서, 무엇을 보고, 먹을지 알아보고 계획을 세우다 보면 주말이 되기도 전에 지치는 기분이었다. 그런 우리 가족에게 주말농장의 텃밭은 구세주와도 같은 역할을 했다.

아이에게 주말농장은 키즈카페보다 더 재미있는 놀 거리가 많은 곳이었다. 2~3세 때는 텃밭에 가도 모래 놀이 도구로 흙을 파는 정도밖에 할 일이 없지만(그래도 아이는 지루해하지 않는다), 커갈수록 몸놀림이 자유로워지고, 힘도 생기면서 스스로 할 수 있는 일이 늘어났다. 텃밭에서 자신이 할 수 있는 일과 놀이의 범위가 점차 확대되면서 아이는 주말농장에 가는 일을 더욱 즐기게 되었다.

아이가 네 살 되던 해, 집에서 왕복 2시간 거리에 있는 DMZ(군사경계지역)내 주말농장을 분양받았다. 아무나 접근할 수 없는 지역답게 매번 방문 때 통행증을 발급받는 등의 번거로운 절차를 거쳐야 했지만, 그곳에서의 텃밭 가꾸기 경험은 우리 가족 모두에게 특별한 추억을 선물해주었다.

한 시간을 달려 사방이 탁 트인 주말농장에 도착하는 순간 우리를 기다리고 있는 것은 대자연과의 교감이었다. 나도 모르게 크게 심호흡을 했다. 빽빽한 아파트 숲에 살면서 막혔던 숨이 쉬어지는 느낌이었다. 마음까지 맑아지고 평온해졌다. 그런 감각은 본능적으로 느끼는 것인지 아이도 매주 텃밭 가는 날이면 채근하지 않아도 스스로 옷을 찾아 입고 앞장서 집을 나서곤 했다. 주말농장에 도착하면 아이와 함께 농장에 있는 토끼와 염소, 닭 등에게 텃밭의 풀이나 채소 등을 뜯어 먹이기도 하고, 주변을 천천히 둘러보며 본격적인 노동에 앞서 워밍업을 했다.

이후 어른들을 기다리고 있는 것은 힘든 노동이지만, 네 살짜리 아이에게는 노동도 놀이일 뿐이었다. 아이에게는 괭이질도, 삽질도, 물주기도 모두 놀이였다. 중간중간 빈 터에 삽질해서 땅을 파고 놀기도 하고, 도랑을 만들기도 했다. 지역 특성상 어린아이가 드물어서 그런지 텃밭을 관리하는 분은 아이가 수돗가에서 물놀이를 해도 나무라기는커녕 예쁘고 귀엽다며 흐뭇하게 바라보셨다. 눈치 보지 않고, 마음껏 아이답게, 본능적인 놀이를 실컷 할 수 있었다.

도심과 멀리 떨어진 군사경계지역이라 평균 서너 가족 정도만 만날 뿐이었다. 워낙 넓은 곳이라 서로 스치며 인사를 건넬 기회도 많지 않았다. 어찌 보면 적막감까지 느껴지는 곳이었는데 아이에게는 그런 것도 전혀 문제가 되지 않았다. 자연이 친구가 되어 주는 곳이었기 때문이다. 엄마 아빠가 농사일에 몰두하느라 자신에게 관심을 보이지 않아도 아랑곳하지 않고 몇 시간을 혼자 만들어낸 이런저런 놀이에 몰입하기도 했다.

우리 아이는 주중에 2~3번 숲 놀이를 하러 다니기 때문에 자연 속 놀이 경험이 많은 편이었다. 숲에서는 길 가다가 우연히 만난 곤충을 보느라고 쪼그려 앉아 시간 가는 줄 모르고, 다람쥐 등을 발견하면 쫓아다니고, 나뭇가지와 돌멩이를 장난감 삼아 친구들과 이런저런 놀이를 만들어 냈다. 언덕배기에서 돗자리 깔고 앉아 썰매도 탔다. 하지만 그것도 텃밭에서의 놀이에 비하면 점잖은 거였다. 맨발로, 때론 바지 벗고 티셔츠만 입은 채 천 평쯤 되는 텃밭을 맘껏 누비며 손과 발을 이용해 온몸에 흙 잔치를 벌였다. 텃밭에서 흙 놀이와 농사일로 인해 아이 손은 지금까지 거칠고 단단하다. 아이 친구들의 보들보들 야리야리한 손을 잡다가 우리 아이의 손을 잡으면 문득 '얘가 몇 살이지?' 생각하게 된다. 어린아이의 손에서 군살과 세월이 느껴진다.

텃밭에서는 계절의 흐름을 입체적으로 느낄 수 있다. 4월 초순쯤 씨를 뿌리고 5월이 되면 본격적으로 쌈 채소들이 무서울 정도로 빠른 속도로 성장한다. 매주 따다 먹어도 어느새 새순이 올라와 나 좀 따가라고 아우성이다. 텃밭에서 금방 뜯은 쌈 채소와 고추를 곁들여 집에서 준비해온 도시락을 펼치면 별다른 반찬이 없어도 꿀맛이다. 마트에서 사 먹는 쌈 채소는 죽어있다는 것을 텃밭 채소를 한입 넣고 씹어보면 바로 느낄 수 있다. 텃밭에서 바로 채취한 채소를 먹으면 온몸에 에너지가 도는 느낌이다. 거창하게 말하자면 생명력이다. 채소 본연의 향도 진하다. 나는 상추야. 나는 쑥갓이야. 향으로 자신의 정체성을 확실히 한다. 감각이 발달하는 시기에 후각, 촉각, 미각, 시각적 경험이 많아서인지 아이는 다양한 채소의

아이가 텃밭을 가꾸지 않았다면

이렇게 채소를 좋아하는 아이로 컸을지 의문이다.

직접 쟁기질하여 땅을 일구고, 거름을 뿌리고,

물을 주어 키워낸 채소에 대한 애정이 각별했다.

종류를 맛과 냄새, 모양, 식감으로 잘 구분해낸다. 아욱국을 먹으면서 시금칫국이냐고 묻는 남편과 종종 비교된다.

아울러 텃밭을 오래 경작한 덕분에 아이는 나물, 고추, 가지, 토마토 등도 잘 먹는다. 아이가 텃밭을 가꾸지 않았다면 이렇게 채소를 좋아하는 아이로 컸을지 의문이다. 직접 쟁기질하여 땅을 일구고, 거름을 뿌리고, 물을 주어 키워낸 채소에 대한 애정이 각별했다. 그 채소로 함께 요리한 음식을 먹는 것이 아이에게는 큰 기쁨이었다.

텃밭 정보

3~4인 가족이라면 3평 정도의 텃밭만 분양받아도 충분하다. 지역마다 분양 가격이 많이 다르지만 3평 기준으로 10만 원 내외다. 월 1만 원 정도의 회비를 내고 출입 횟수 무제한 키즈 카페에 간다고 생각하면 가성비 면에서 최고다.

5평만 돼도 수확물이 엄청나다. 따서 다듬는데 많은 시간이 소모되고, 중노동이 되어 텃밭 나들이를 즐기기 어려워진다. 아이와 함께 소소한 재미로 가꾸는 텃밭이라면 3평 이내로 경작하는 것을 추천한다.

텃밭은 자주 갈수록 애정이 생긴다. 농작물은 농부의 발걸음 소리를 듣고 자란다는 말이 있을 만큼 관심을 가지고 돌봐줘야 잘 자란다. 1~2주에 한 번씩 정기적으로 방문해서 관리해야 한다. 이왕이면 집 가까이에 있어야 오가는 거리와 시간 부담이 줄어서 자주 들르게 된다. 경험해보니 아무리 멀어도 왕복 1시간 이내 거리여야 별다른 사전 계획을 짜지 않고도 부담 없이 다녀올 수 있었다.

서울시 홈페이지(news.seoul.go.kr/economy/archives/1895)에 접속하면 서울시에서 분양하는 친환경 주말농장 정보를 얻을 수 있다. 서울이 아니라도 각 지자체에서 주말농장을 운영하는 곳이 많으니 홈페이지를 참조해 보자. 개인이 운영하는 주말농장도 많이 있는데, 비용은 좀 더 들어도 (연간 10만~20만 원 내외) 선택의 폭이 넓어진다.

친환경 주말농장

남양주시	광주시	양평군	고양시	광명시
송촌약수터 농장 삼봉리농장	삼성리농장 도마리농장 귀여리농장 지월리농장 하번천리농장	교동농장 부용리농장 양수가정농장 수능리농장	성사동농장 원흥역농장 수역이농장	목감천농장

(2020년 2월 기준)

매해 2월 즈음 분양을 시작해서 4월부터 본격적으로 땅을 갈아엎고, 씨를 뿌리는 작업을 시작한다. 감자, 고구마, 땅콩 같은 뿌리 식물과 토마토, 고추, 가지, 호박 등 열매 식물을 심으면 수확하는 재미가 더욱 커진다. 종당 모종 3~4개만 심어도 한 끼 먹을 양을 충분히 수확할 수 있으니 이왕이면 다양한 채소를 심어보자.

04

엄마의 체온이 느껴지는 특별한 놀이

아이가 세 살 정도가 되면 많은 엄마들이 각종 미술용품을 오리고 붙여서 직접 교구를 만들기 시작한다. 이런저런 다양한 엄마표 수업, 놀이를 했다고 소개하는 SNS를 보면서 '나도 저렇게 해주고 싶다.' 하며 부러워했다. 좋은 엄마가 되고 싶어 처음 몇 번은 따라해 봤다. 하지만 나에게 미술적 재능과 미적 감각, 손재주는 허락되지 않았다. 아무리 애를 써 봐도 블로그에서 본 형태로 완성되지 않았다. 안 되는 재주, 없는 취미를 총동원하려니 시간은 시간대로 들고, 결과물은 형편없었다. 결국 놀이는 시작도 못 하고, 스트레스만

잔뜩 받으며 끝났다.

그렇다면 이제 어떻게 하지? 아이와 단둘이 그 길고 긴 시간을 무엇을 하며 메꿔야 하나? 아무리 나들이를 자주 하고, 요리와 집안일 등을 함께 해도 아이와 단둘이 지내는 하루는 참으로 길었다. 길고 긴 하루를 아이와 보내며, 이왕이면 아이도 즐겁고 나도 쉽고 편하게 할 수 있는 놀이를 궁리했다. 도서관에서 관련 책도 여러 권 빌려 읽었다.

막상 읽어보면 '간단한 놀이'라는 부제가 무색하게도 대부분은 손재주를 발휘해야 했다. 아무리 봐도 내 수준에는 따라잡기 아득하게 느껴졌다. 준비물을 만들 생각을 하면 놀이도 하기 전에 부담감으로 가슴이 눌리는 기분이었다. 결국 '내게 맞는 육아 스타일'을 찾아야겠다고 생각했다. 노력해도 너무 힘들기만 한 일, 어렵게만 느껴지는 일은 미련 없이 포기하기로 했다. 내 손으로 뭔가를 공들여 만들어 내지 않아도 되고, 단순하면서도 아이가 재미있어할 놀이를 궁리하게 되었다.

아이가 즐거워하는 놀이를 찾아내면 아이가 원할 때까지 수없이 반복했다. 아이는 단순한 숨바꼭질 놀이를 매일 몇 번, 몇십 분씩, 몇 달을 해도 지겨워하지 않고 계속하고 싶어 했다. 원하는 만큼

하게 해주었다. 아이가 몰래 숨어서 가슴 콩닥거리는 스릴을 느끼고 있을 때, 나는 아이를 찾고 싶어 안달이 난 것처럼 연기한다. 그러면 아이는 입을 손으로 막고 킥킥댄다. 술래가 바뀌어 내가 숨을 때는 가끔씩 아이가 찾기 어려운 곳에 꼭꼭 숨기도 한다. 아이에게 들키기를 기다리면서 살짝 딴짓을 하며 휴식을 취할 수 있다. 극적인 타이밍을 노려 들켜주면 아이는 크게 기뻐하며 신나한다.

아이가 느끼는 즐거움이 크다면 굳이 다양한 놀이를 발굴해야 한다는 부담을 느낄 필요가 없다고 생각했다. 한 가지 놀이를 아이가 원할 때까지 실컷 반복하다가 아이가 지겨워할 조짐이 보이면 다른 놀이를 생각해내서 줄곧 그 놀이를 했다. 그 정도로도 충분했다. 아이가 원하는 건 다양한 종류의 놀이 자극보다 단순하더라도 엄마와 눈 맞추고, 엄마의 품을 느끼며, 몸을 부비고, 함께 깔깔대는 마음 따뜻한 시간이었다.

명지대 아동심리 치료학과 선우현 교수는 EBS 다큐프라임 〈놀이의 반란〉에서 부모들이 아이들과 "신체적으로 접촉하고 정서적으로 기분 좋은 표정이나 몸짓을" 주고받는 행동이 정서적 안정감을 준다고 말한다. 또 아이 스스로 즐기고 자기감정을 표현할 수 있으면 충분히 좋은 놀이라고 설명한다.

다음은 아이가 무척 좋아했던 놀이다. 대부분은 엄마인 내가 게

으름 피우고 싶어서 머리를 굴리다가 번뜩 떠오른 창작(?) 놀이다. 그렇기에 엄마가 무언가를 특별히 준비해야 할 게 없다. 그저 집에 나뒹구는 재료들을 펼쳐주고, 깔아주는 것이 대부분이었다. 심지어는 누워서 뒹굴뒹굴하는 것도 게임인 양 둔갑시켰다. 합체 놀이, 탈출 놀이 등이 그렇다. 아이는 엄마의 게으른 속마음은 짐작도 못 한 채 '한 번 더'를 무한 반복하며 즐거워했다.

엄마와 함께 하는 쉬운 놀이

합체 놀이

거실이나 침대에 누워서 서로 반대 방향으로 굴렀다 다시 돌아와 꼭 껴안으며 '합체', 떨어지면서 '해체'라고 말한다. 놀이인데 운동도 되고 서로 포옹하면서 기분도 좋아진다.

탈출 놀이

엄마가 누워서 아이를 꽉 끌어안고 옴짝달싹 못 하게 하면 아이가 최대한 힘을 써서 엄마 품을 벗어나는 놀이이다. 숫자를 카운트해서 탈출하는 규칙을 적용하면 더욱 스릴 있다.

매트 위에서 멀리 뛰기

라텍스 매트같이 충격 흡수가 잘 되는 매트를 깔고 점핑이나 멀리 뛰기 놀이를 한다. 엄마는 옆에서 "하나 둘 셋" 등 신호와 추임새만 넣어주면 된다.

식당 놀이

엄마는 식당 사장님, 아이는 손님이 되어 역할극을 한다. 식사 시간에 음식을 준비하면서 놀이를 시작한다. 아이가 손전화를 걸어 메뉴를 선택하고 주소를 말하면 아이가 지정한 방이나 베란다, 거실 등으로 배달해준다. 매번 단조로운 식사 시간에 변화를 줘서 재미를 유도할 수 있다.

베란다 캠핑

베란다에 5분 만에 설치할 수 있는 즉석 텐트를 치고, 아이랑 밥도 먹고 수다도 떨고, 놀이도 한다. 활동 공간을 거실에서 베란다로, 텐트 안으로 옮긴 것뿐임에도 아이는 진짜 캠핑이라도 간 듯이 즐거워한다.

시장 놀이

아이는 눈에 띄는 물건들을 늘어놓고 장사를 하고, 엄마는 손님이 된다. 돈은 아이가 직접 종이에 금액을 쓰고, 가위로 오려서 만들게 한다.

통밀 놀이

통밀(콩) 10kg을 인터넷으로 주문해서 모래 놀이처럼 하게 한다. 가구가 거의 없는 작은 방의 바닥에 넓은 천을 바닥 전체를 가릴 정도로 깔고, 박스 테이프로 고정한 뒤 통밀을 쏟아주고 실컷 놀게 한다.

밀가루 놀이

욕실 바로 앞에 방수천을 깔고 밀가루를 쏟는다. 여기에 가루채뿐만 아니라 다양한 주방 도구를 주면 혼자서도 잘 논다. 놀이가 끝나면 아이를 욕실로 들여보내고, 밀가루가 깔린 방수천만 조심조심 여며서 전용 통에 담아둔다. 조금 떨어진 밀가루 잔해는 진공청소기로 밀어주면 순식간에 뒤처리가 된다. 밀가루 놀이할 때는 절대 물을 주면 안 된다. 물과 섞인 밀가루 놀이 뒤처리는 끔찍할 정도이다.

그림 그리기

커다란 전지 몇 장을 이어 붙여서 바닥에 고정하고 그림책에서 아이가 좋아하는 장면을 함께 그린다. 대형 전지에 도형이나 형태 하나가 그려지기 시작하면 이후부터는 상상에 상상이 거듭되면서 거실 바닥을 가득 메우는 특별한 대형 작품이 만들어진다.

스크랩북 만들기

잡지나 신문, 전단지 등에서 아이가 좋아하는 자동차 사진을 오려서 스크랩북을 만든다. 아이가 한글을 쓸 수 있다면 자동차의 이름과 설명까지 곁들여서 자동차 백과를 만들어도 좋다.

신문지 격파 놀이

신문지 격파는 가장 손쉽고 아이가 많이 즐거워하는 놀이이다. 신문지를 넓게 펴서 잡아주고, 신문지 겹치는 장수를 늘려가며 1단계, 2단계, 3단계 도전 등으로 아이의 승부욕을 자극한다.

실천하기

아이와 함께 요리하기

다음은 아이와 함께 할 수 있는 쉽고 간단한 요리이다. 반복할수록 숙련돼서 나중에는 뒤치다꺼리가 많이 생기지 않는다. 처음 시작할 때는 서툴러서 뒷정리가 번거롭지만, 아이가 즐거워하니 그런 노고도 감당할 만하다. 그 어떤 놀이동산, 체험학습보다 아이가 느끼는 기쁨의 강도, 만족감이 크다고 자신 있게 말할 수 있다.

◆달걀찜 달걀을 풀어서 물과 소금을 넣고 거품기로 저어서 내열유리 찜기에 옮겨 담는다. 전기밥솥에 안친 쌀 위에 찜기를 올린 뒤 취사 버튼만 누르면 밥과 달걀찜 두 가지가 완성된다. 밥과 반찬을 엄마에게 의존하지 않고 자기 스스로 만들어 먹을 수 있다는 건 아이에게 '자기 신뢰'의 경험을 쌓아준다.

◆칼국수 지퍼백에 분량의 밀가루와 물, 소금, 약간의 식용유를 넣고 주물주물해주면 어렵지 않게 반죽을 만들 수 있다. 밀가루 반죽에 덧가루를 뿌려 밀대로 얇게 밀고 칼(어린이용 무딘 칼)로 썬다. 덧가루를 털어내고 끓는 물에 넣고 저어주는 과정까지 아이가 직접 하게 한다.

◆바나나 아이스크림 바나나를 얼려서 초고속 믹서기에 갈아주면 바나나 스무디가, 냉동실에 30분쯤 넣었다가 꺼내면 바나나 아이스크림이 뚝딱 만들어진다.

◆팥빙수 물이나 우유를 얼음 틀에 얼려서 빙수기나 초고속 믹서기에 간 다음 통팥뿐만 아니라 아이가 원하는 재료를 마음껏 올릴 수 있도록 해준다. 팥빙수에는 무엇 무엇을 올려야 한다고 제한하지 않는다면 아이들은 별의별 재료를 다 사용해서 기상천외한 팥빙수를 만든다.

◆**요거트** 우유에 요거트를 섞어서 작은 용기에 소분한다. 요구르트 제조기에 넣고 9~10시간 기다리면 요거트가 완성된다.

◆**샌드위치, 햄버거** 재료는 약간 달라도 비슷한 방식으로 손쉽게 만들 수 있다. 빵과 치즈, 햄 또는 패티에 몇 가지 채소만 준비하면 끝이다. 친구들을 초대할 때 함께 만들어 먹곤 하는데 아이들 만족도가 상당히 높다.

◆**카레밥, 볶음밥, 짜장밥** 아이랑 간편하게 한 끼 해결하기 좋은 요리로 함께 만들기에 부담이 없다. 어린이용 칼이 있다면 재료를 아이가 직접 썰게 하자. 당근처럼 단단한 재료는 막대처럼 길게 썰어서 아이 힘으로도 잘 잘리게 도와준다.

◆**팝콘** 냄비에 옥수수알과 버터, 소금을 넣고 섞은 다음 뚜껑을 덮고 불을 켠다. 2~3분 정도 기다리면 타닥타닥 소리가 들리기 시작한다. 아이랑 귀를 기울여 그 소리를 듣는다. 팝콘 튀는 소리가 경쾌해서 재미있어한다. 타닥 소리가 더 이상 나지 않으면 뚜껑을 연다. 이때 마지막 옥수수 두세 알이 탁하고 터지면서 팝콘이 되어 튀어 오르기도 하는데 재미있어 까르르 웃는다.

◆**피자** 토르티야나 식빵 위에 스파게티 소스를 바르고 채소나 소시지 등 재료를 잘라서 올린 뒤 피자 치즈를 듬뿍 뿌리고 오븐에 구워주면 순식간에 피자가 완성된다. 피자 반죽을 만들어 직접 밀대로 밀면 더 재미있어한다.

◆**빼빼로** 막대 과자(마트에서 손쉽게 구매 가능)를 녹인 초콜릿에 담근 뒤 다진 땅콩이나 아몬드 등 바삭한 식재료를 묻히고 조금 굳히면 끝이다.

5장

세상을 여행하면 사회성이 발달한다고 해서

01

질문으로 호기심을 키우는 여행 육아

아이가 세 살까지는 당일치기 나들이만 하다가 네 살이 되면서 처음으로 아이와 단둘이 부산 여행을 떠났다. 버스와 기차를 타고 1박 2일 일정으로 다녀올 계획이었다. 집 앞에서 버스를 타고 서울역 정거장에 내려 지하철 입구로 들어섰다.

이때부터 아이에게 가벼운 가이드 역할을 부탁했다. 이정표를 따라가며 "1번 출구는 어디 있지? 표지판에 1번이라고 쓰여 있는 곳으로 가면 된다고 했는데 엄마 눈에는 안 보여(번호를 찾을 필요 없이 서울역 방향이라는 글씨를 보고 따라가면 되지만 한글을 모르는 아이를 위해 한글 대신 아이가 알고 있는 숫자를 이용했다).” 아이는 얼른 1이라는 숫자를 찾아 머리를 좌우로 돌리며 사방을 훑었다. 드디어 숫자를 찾으면 “엄마! 저기 있어.” 하고 나를 끌어당겼다. 내가 할 일은 “와~ 우리 도윤이 길도 잘 찾네.” 하면서 칭찬해주는 것이었다. 서울역 매표소에 도착할 때까지 이런 식으로 번호를 찾아 화살표 따라가기를 반복했다.

네 살 아이의 느린 발걸음보다 반 발자국 더 뒤에서 천천히 따라가는 모양새를 취했다. 아이는 여행에 기여하고 있다는 생각에 자신감이 넘쳤다. 생활 속에서 숫자 놀이와 방향 감각 훈련이 자연스럽게 이루어졌다.

아이는 기차에 관한 책을 여러 권 읽었기 때문에 서울역을 낯설어하지 않았다. 하지만 자신의 눈으로 직접 본 진짜 서울역이 상상보다 거대했는지 연신 “우와!” 탄성을 질렀다.

교통수단에 대해서라면 줄줄 꿰고 있던 아이가 철로 위 모든 기차가 보이는 2층 승강장 통로에서 엄마를 위해 기차에 대한 ‘미니 특강’을 했다. 다양한 종류의 기차들을 가리키며 각 기차의 이름과 특성을 설명해주었다. 나는 “저게 ITX구나! KTX랑 ITX는 뭐가 달라?” 등으로 성의 있게 리액션을 하며 관심을 표현했다. 아이는 더욱 신이 나서 자신이 알고 있는 지식을 총동원해서 기차에 관해 알려주려고 노력했다. 그 설명이라야 딱 네 살 수준이지만 아이는 기차 박사처럼 의기양양했다.

황경식 서울대 철학과 명예교수는 《열 살까지는 공부보다 아이의 생각에 집중하라》를 통해 아이에게 '스스로 생각하는 힘'을 길러줘야 한다고 강조하며 질문을 많이 하는 아이로 키우는 것이 공부를 잘하는 것보다 중요하다고 말한다. 질문을 많이 하면 절로 공부에 흥미를 갖게 되며 창의성도 자란다는 것이다.

그런 이유로 평소 나는 아이의 질문을 환영한다. 여기에 더해 엄마인 내가 아이에게 "왜 그런 거야?"라고 질문을 할 때가 많다. 아이가 엄마에게 주도적으로 설명하는 과정에서 자신만의 생각이 깊어지고 넓어지는 것이 보였기 때문이다. 하지만 질문을 많이 하는 것보다 적절히 잘하는 것이 훨씬 중요하다는 걸 느낄 때가 있다. 질문할 때 추궁하듯이 물으면 아이는 대화를 피한다. 그렇다고 너무 뻔한 질문만 하면 '엄마도 알면서 왜 물어봐?'라는 식의 시큰둥한 반응을 보인다.

반면 엄마인 내가 어떤 사물과 현상에 대해 순수한 호기심을 가지고 "왜 그럴까?" 하는 질문을 던질 때 아이는 신나했다. 자신의 지식과 생각, 느낌을 아낌없이 탈탈 털어서 들려주었다. 이런 경험이 반복되면서 아이는 주변의 사물과 현상을 유심히 관찰하곤 했다. “이건 왜 그런 거지?”라며 스스로 원리를 궁금해하고 관심을 가졌다.

1박 2일 부산 여행에서 우리는 시티투어버스를 타고 첫 번째 목적지인 태종대에 내렸다. 그곳에서 다누비 열차를 타고 바닷바람 맞으며 공룡 발자국 암석을 찾아 나섰다. 공룡 발자국 위에 아이의 작은 발을 견주어 보고 “공룡이 진짜 살았을까?” “이 발자국을 낸 공룡의 몸집은 얼마나 컸을까?” “왜 멸종했을까?” 등 이런저런 이야기를 나눴다.

유유히 항해하는 여객선을 바라보면서 저 바다 너머에 무엇이 있을지, 어디로 향하고 있는지 이야기 나누기도 했다. 그날은 시티투어버스를 타고 부산 곳곳을 누볐다. 어스름한 저녁에 도착한 국제시장에서 윈도쇼핑도 하고 길거리 포장마차에서 어묵과 씨앗호떡도 사 먹고, 좌판에서 비빔당면을 먹었다. 다음 날은 해변에서 모래놀이를 하고 아쿠아리움과 해양박물관에 갔다. 아이는 그 후로 한동안 부산에 또 가고 싶다고 수시로 졸라댔다.

여행을 떠나기 전 아빠 없이 네 살짜리 아이와 단둘이, 그것도 대중교통으로 여행하는 게 부담스러웠다. ‘가능할까? 잘할 수 있을까?’ 걱정했다. 막상 해보니 근교 나들이보다 크게 힘든 일이 없었다. 익숙한 곳에서 벗어나 멀리 떠난 것만으로도 마음이 설렜다. 아이는 새로운 경험에 온통 마음을 빼앗겨 투정을 부리거나 고집을 피우지 않았다. 자신의 두 발로 걷고, 두 눈으로 보고, 두 손으로 만지며 세상에 대한 감각을 익히고 살아있는 지식을 온몸으로 받아들이는 귀한 경험이었다.

02

대중교통 여행으로 다양한 사람을 만났다

사람이 살아가면서 겪는 가장 큰 어려움은 인간관계에서 기인한다. 그런 이유로 아이를 관계 맺기에 능숙한 사람으로 키우는 것이 모든 엄마들의 소망일지도 모르겠다. 전문가들은 관계를 잘 맺기 위한 최우선 조건으로 공감 능력을 손꼽는다. 공감 능력은 가만히 앉아서 책을 읽으며 얻을 수 있는 것이 아니다. 세상 속으로 걸어나가 사람과 직접 만나 관계를 맺는 과정에서 다른 사람의 마음을 헤아리는 능력이 커진다고 한다.

다른 사람과 만나는 경험을 늘리기 위해 아이랑 단둘이 여행할 때면 주로 버스, 지하철, 기차 등을 이용했다. 자동차로 편히 다닐 수도 있지만, 대중교통 나들이와 비교해 단조롭고 경험의 폭이 지나치게 제한적인 것 같았다.

지하철을 타면 지하철역까지 걸어가서, 에스컬레이터를 타고 역사로 올라가고, 돈을 내고 표를 사고(교통카드가 있지만 처음 몇 번은 아이에게 표를 구입하는 과정을 직접 경험하게 하려고 동전이나 지폐를 넣고 표를 직접 구입하게 했다), 개찰구를 통과하고, 탑승 방향을 확인하고 기다리는 등 여러 단계가 필요하다.

버스까지 갈아타면 과정이 더 복잡해진다. 차로 이동하는 것보다 더 시간이 걸린다. 꽤나 번거롭고 비효율적이다. 하지만 느리게 가는 만큼 수많은 사람이 살아가는 모습을 보게 된다. 때로는 사람들과 마주하고 이야기를 나누며 세상을 글이 아닌 감각으로 배운다. 현관문을 열고 나가는 그 순간부터 새로운 경험이 시작되는 것이다.

느긋한 오후, 경의선 같은 교외선을 타면 어르신들이 아이를 사랑스러운 눈길로 바라본다. "몇 살이니?" 등 말을 건네며 다정하게 대해준다. 가끔은 아껴두었던 사탕이나 캐러멜 등을 선뜻 내어주기도 한다.

로먼 크르즈나릭은 저서 《공감하는 능력》에서 아이들은 '호기심을 표현하기를 겁내지 않는 사회 집단'이라며 어른들도 아이처럼 낯선 사람에 관한 호기심을 회복해야 한다고 말했다.

로먼 크르즈나릭의 말과 달리 요즘 아이들은 낯선 사람을 지나치게 경계하는 경향이 있다. 세상이 험하기 때문일 것이다. 낯선 사람의 관심, 스쳐지나가는 눈길조차 꺼리는 엄마들의 이야기도 종종 듣는다. 하지만 나는 오히려 아이를 키우면서 낯선 사람들의 관심을 환영하게 됐다. 특히 할머니들은 당신의 손주가 생각나서인지 애틋하게 대해주시기 때문에 우리 아이도 그 진심을 느끼고 좋아했다. 엄마, 아빠, 가족의 사랑을 받는 것도 중요하지만, 낯선 어른들의 따뜻한 눈빛과 손길도 아이에게 정서적 자산이 된다고 생각한다. 아이가 어렸을 때만큼은 어디를 가더라도 엄마와 함께 하니까 낯선 사람의 호의도 기꺼이 받을 수 있다고 생각한다. 엄마는 호의와 악의를 구별할 충분한 능력이 있으니까.

세상이 온통 의심스럽고 위험하다고 불안해하며 살아가는 것과 세상은 대체로 안전하고 사람들 대부분 따뜻하다고 믿으면서 사는 것은 다르다. 어린 시절부터 세상에 대한 긍정적 경험을 쌓으면 성인이 되어도 불안과 두려움에 움츠러들지 않고 자신 있게 행동할 수 있다. 어린 시절의 경험과 기억은 무의식에 큰 영향을 미치기 때문이다. 그런 이유로 나는 아이를 위해 낯선 사람들과 열린 마음으로 대화를 주고받으려 노력했다.

아이가 여덟 살 때 담임선생님이 우리 아이에게 감동했던 일화를 들려준 일이 있다.

여름철 어느 날 아이들과 작은 텃밭 가꾸기를 하다가 쉬는 시간을 알리는 종이 울렸다고 한다. 아이들은 더위에 갈증이 심했던지 종이 울리자마자 손에 들고 있던 호미를 일제히 땅바닥에 던져버리고 물을 마시기 위해 급수대 쪽으로 뜀박질을 했단다. 담임선생님이 아이들이 던지고 간 호미를 주섬주섬 주워 모으고 있는데 한쪽에서 우리 아이가 홀로 남아 호미를 주워 담는 걸 발견했다고 한다.

선생님은 우리 아이가 평소에도 다른 사람을 배려하는 행동을 한다며 칭찬을 아끼지 않았다. 그러면서 "요즘 똑똑한 애들이 정말 많아요. 도윤이도 책을 많이 읽었지만, 더 똑똑한 애들을 찾는 건 어렵지 않아요. 하지만 도윤이처럼 똑똑하면서 인성까지 좋은 아이는 드물어요." 하고 말했다.

이 말을 들을 때 처음에는 '내가 잘 키웠구나!' 우쭐하는 마음이 없지 않았다. 하지만 이내 생각이 바뀌었다. 아이가 그런 행동을 하는 이유는 엄마인 나 때문이 아니라 다른 사람에게 배려를 받은 경험이 많기 때문이라는 걸 알아차렸기 때문이다. 상대방이 무엇이 필요한지 공감할 줄 알아야 배려할 수 있다. 공감을 받아본 아이가 공감할 줄 알고, 배려를 받아본 아이가 배려할 줄 알게 된다. 여행하면서 이해관계가 없는 낯선 사람들에게 대가 없이 받은 수많은 선의, 호의가 우리 아이의 인성을 키웠다고 믿는다.

임신 기간 매일 새벽마다 명상기도를 하며 일기를 썼다. 그 일기장에는 '마음이 따뜻하고, 많이 웃는 아이로 키울 수 있게 해 달라'는 내용이 여러 차례 기재되어 있다. 살면서 남들보다 뛰어난 능력을 가진 것보다 사람들과 따뜻하게 연결될 때 행복감을 더 크게 느낄 수 있다는 것을 깨달았기 때문이다. 인간은 본능적으로 다른 사람과 연결되어야 안정감을 느끼는 존재라고 많은 학자들은 말한다. 다른 사람과 연결시켜주는 가장 중요한 '공감 능력'을 키우는 방법으로 대중교통 여행을 추천한다.

03

자기 두 발로 걷고 자기 짐은 스스로 메게 했다

아이가 다섯 살 때 다니던 첫 유치원을 힘들어해서 그만두고 다른 유치원으로 옮겼다. 1년 동안 이런저런 노력을 기울여봐도 여전히 엄마와 헤어지는 걸 고통스러워하는 아이를 외면하기 어려웠다. 여섯 살이 되면서 유치원을 그만두고 가정 보육을 시작했다.

유치원에 다니는 것보다 엄마와 보내는 시간이 행복하다는 아이와 긴 하루를 어떻게 보내야 하나 고민이 되었다. 다른 아이들은 유치원에서 친구들과 사귀며 사회성도 키우고, 새로운 걸 배우면서 지적 호기심도 채울 텐데 나는 아이를 위해 뭘 해줄 수 있지 막막했다. 주 5일 교육시설에 다니는 아이들처럼 다채로운 경험(유치원을 안 보내니 유치원에 가면 뭔가 많이 배울 것만 같은 초조함이 있었다)을 제공할 자신이 없었다. 여섯 살이나 된 아이를 유치원에 안 보낸다는 것은 그 당시 내게는 몹시 부담스러운 일이었다.

그런 나에게 여행은 구세주와도 같았다. 유치원을 그만두고 처음으로 한 일은 제주도 여행이었다. 마치 멀리 유럽이라도 가는 것처럼 배낭여행을 콘셉트로 잡았다. 단둘이 최소의 비용으로 다녀올 계획을 세웠다. 좀 더 다양한 경험을 하기 위해 대중교통을 이용했다. 숙박 장소도 한곳에 머물지 않고 여러 곳을 옮겨 다녔다. 4박 5일 일정 동안 호텔, 민박, 펜션을 두루 이용했다.

여행을 떠나기 전 어디를 어떻게 이동하고, 무엇을 보고, 어디서 자고 먹을지에 대해 철저하게 준비해야 할 것 같았다. 여행 정보를 검색하느라 너무 많은 시간이 걸렸다. 검색할수록 새로운 정보가 끝없이 나오니 더 좋은 곳을 찾느라 검색을 멈추기 어려웠다. 결국, 노트북을 덮었다. 완벽한 계획 대신 '즐기자'는 마음만 가지고 떠나기로 했다.

여행 전 짐을 싸면서 아이에게 엄마의 배낭을 들어보라고 했다. 엄마의 배낭이 무거우니 아이의 짐은 아이의 배낭에 넣고 여행 내내 직접 메고 다닐 것을 부탁했다. 아이도 기꺼이 그러겠다고 약속했고, 약속을 지켰다. 아이는 배낭을 직접 메고 다니기 시작하면서부터 자신이 짊어질 수 있는 수준으로 짐을 꾸리는 습관을 들였다. 이전에는 온갖 그림책과 장난감 등을 잔뜩 가방에 넣겠다고 고집을 부리곤 했다. 불필요하게 많은 짐을 넣은 가방을 오랜 시간 메고 다니는 게 힘들다는 것을 여러 번 경험하면서 스스로 최소한의 짐만 챙기게 되었다.

대여섯 살 무렵 대중교통을 이용해 먼 나들이를 하고 집에 돌아오는 길이면 아이는 피곤해서 잠에 곯아떨어졌다. 나는 버스나 지하철이 목적지에 도착하기 5분 전 아이를 살며시 깨웠다. "5분 후 도착 예정이야. 내릴 준비해야 해." 하지만 아이는 바로 잠에서 깨어나지 못했다. 도착 2분 전 다시 아이에게 "이제 버스가 멈추면 내릴 거야. 눈 뜨자. 가방 챙기고 내릴 준비 하자."라고 말했다. 그러면 아이는 투정 부리지 않고 졸린 눈을 부비며 정신을 차렸다. 주섬주섬 짐을 챙겨서 자기 두 발로 걸어 내렸다.

그런 습관을 들이기 시작할 무렵에는 아이가 졸리다, 힘들다며 업어달라 떼를 쓰기도 했다. 그럴 때면 "엄마도 많이 걸어서 힘들어. 엄마는 무거운 가방도 계속 들고 다녀서 기운이 남아 있지 않아. 너를 업기 어려워."라고 말했다. 그래도 아이가 업어달라고 하면 "30걸음(또는 가까운 이정표가 있는 곳까지)은 업어줄 수 있어. 그 정도라도 괜찮아?"라는 단서를 달고 업어주었다. 시늉에 가까웠음에도 아이는 자신의 바람이 수용되었다는 것에 만족했다. 아이에게는 얼마나 오래, 많이 업어주느냐 보다 자신의 응석을 엄마가 잠깐이라도 받아주는 것이 중요해 보였다. 그래서 아이가 힘들어 할 때는 조금이라도 업어주는 것으로 위로하고 격려했다. 단, 이런 멘트를 붙이곤 했다. "엄마도 많이 힘들지만, 사랑하는 우리 아들을 위해 힘을 내서 저기까지만 업어줄게. 많이 업어주고 싶은데 그러지 못해 미안해." 이런 패턴이 반복되니 아이는 점차 업어달라 조르지 않고 꿋꿋하게 자신의 발로 걷기 시작했다.

어느 날 네다섯 가족과 함께 대중교통 나들이를 하고 늦은 저녁 집으로 돌아갈 때였다. 다른 아이들은 모두 엄마의 등에 업혀서 편히 잠들어 있었다. 엄마들은 온몸이 축 늘어져 평소보다 더 무겁게 느껴지는 아이를 업고, 무거운 가방까지 짊어지고 걷느라 몹시 힘겨워 보였다. 우리 아이만 유일하게 자신의 가방을 메고 자신의 두 발로 걸었다. 다른 엄마들은 칭얼거리지 않고, 혼자 씩씩하게 걷는 우리 아이의 모습을 신기해했다. 어린아이에게 너무 야박하게 굴었다고 생각했을지도 모르겠다. 하지만 나는 그런 태도가 아이의 자립심과 책임감을 키워주었다고 믿는다.

평소 훈련이 된 덕분인지 아이는 제주도를 여행하는 4박 5일 동안 처음부터 끝까지 자신의 배낭을 책임지고 자신의 두 발로 걸어 다녔다. 덕분에 여행하면서 둘 다 많이 웃을 수 있었다. 난 그런 경험이 작지만 중요하다고 생각한다. 엄마에게 의존하지 않고 어려움도 이겨낼 수 있는 아이, 스스로를 책임질 수 있는 아이는 자존감이 높을 수밖에 없다고 믿기 때문이다.

04

'어디'가 아니라 '무엇'이 중요한 여행

어떤 강연에서 한때 문제아였던 자녀를 둔 강사가 자신의 여행 육아 경험담을 들려준 적이 있다. 그 강사는 아이가 학교도 안 가고 매일 새벽까지 컴퓨터 게임만 하고 폐인처럼 지내는 모습을 보다 못해 제주도 여행을 제안했다고 한다. 처음 이틀 정도는 최고급 호텔에서 귀빈 대접을 받으며 편히 지냈단다. 이후 허름한 민박집으로 숙소를 옮겼더니 아이가 당황하면서 이유를 물었단다. 그 강사는 "오늘을 얼마나 충실히 살았느냐에 따라 네가 앞으로 살아갈 인생도 이처럼 달라질 수 있다."라는 메시지를 전했다고 한다. 그 어떤 잔소리, 충고, 조언보다 강력한 효과가 있었단다. 그 강연을 들으며 육아에 여행을 적절히 활용하면 좋겠다는 생각을 했다.

도서관에 가보니 여행 육아에 대한 책이 참 많았다. 어떤 여행을 했는지 궁금해서 읽어보면 대부분 해외, 그것도 유럽 여행에 관한 내용이었다. 외벌이 수입으로는 해외여행을 하는 것이 부담되었고 굳이 시류에 휩쓸리고 싶지 않았다. 형편에 맞게, 무리 되지 않는 선에서 즐길 수 있는 대안을 찾았다.

나도 엄마가 되기 전에는 해외여행을 할 기회가 많았다. 집에서 멀리 떨어진 낯선 나라에서의 경험은 어떤 사람을 만나 무엇을 했느냐가 기억에 오래 남는다는 걸 체감하는 시간이기도 했다. 그래서 아이가 어릴 때는 편하고 부담 없이 자주 다닐 수 있는 국내 여행이 최선이라고 생각했다. 가까운 곳에서도 얼마든지 여행의 본질을 만끽할 수 있고, 언어의 제약이 없으니 훨씬 풍성한 경험을 할 수 있다고 판단했다. 대신 아이가 역사와 문화에 대한 지식이 어느 정도 쌓이는 열두 살에는 유럽 여행을 함께하고 싶어 꽤 오래 여행 적금을 붓고 있다.

십수 년간 700번 이상의 여행을 이끈 여행 교육 전문가 서효봉 씨는 저서 《여행 육아의 힘》에서 초등학생들과 대화하면 아이들은 '어디에 갔는가'가 아니라 '무엇을 했는가'를 잘 기억해낸다며, 아이와 가깝고 부담 없는 곳을 자주 여행하라고 말한다. 뇌과학자 김대식 교수도 《당신의 뇌, 미래의 뇌》에서 어린아이의 뇌 흡수력을 감안할 때 국내에서도 충분한 경험이 가능하다고 강조한다.

나는 아이와 여행할 때 유명한 관광지를 기록 세우듯 많이 다니는 것보다 새로운 사람들과 만나며 다양한 추억을 남겨주고 싶었다. 훗날 아이가 자라서 어린 시절을 돌아보았을 때 어디에 갔는지 기억하지 못하더라도 '뭔지 모를 기분 좋은 느낌'만 가슴에 남아도 성공이라는 생각이었다.

한번은 군산 여행을 위해 새만금과 조류박물관, 근대사박물관 등 유명 관광지를 도는 군산 시티투어버스를 예약한 적이 있다. 군산 시티투어버스는 관광지마다 문화관광해설사가 동행하면서 안내를 해주었다. 관광을 마치면 대기하고 있던 버스를 타고 다음 장소로 이동하는 식이다. 탑승료도 5000원으로 저렴하고, 그나마 유아는 무료였다. 그날 버스에 탔는데 우리를 제외하고는 승객이 아무도 없었다. 단체 손님이 있었는데 당일 오전에 갑자기 취소하는 바람에 45인승 버스에 운전기사와 해설사 한 명이 아이와 나만을 위한 특별 서비스를 제공하게 됐다. 단돈 5000원으로 45인승 관광버스를 전세 내고 운전기사와 가이드까지 대동하여 VVIP 대접을 받으며 여행을 할 수 있었다.

초등학교에 입학하여 바빠지기 전에,

친구들과 어울리는 걸 더 좋아하기 전에

가까운 곳부터 자주 다니면서 즐거운 추억을 많이 쌓았다.

그 시간이 그 어떤 사교육, 선행학습보다

도움이 되었다고 생각한다.

그날 금강철새조망대에서 해설사는 새의 진화과정에 대해 흥미로운 내용을 들려주었다. "새는 몸이 가벼워야 날 수 있으므로 뼛속이 텅텅 비어 있다. 몸을 가볍게 하려고 항문도 1개로 퇴화해서 대소변을 항문 한 곳으로 해결한다. 새똥이 물똥인 이유다."라는 말이었다. 하늘을 날아오르는 새를 망원경으로 생생하게 관찰하면서 흥미로운 설명을 들은 때문일까. 아이는 여행에서 돌아와서 새에 관한 백과사전에 흥미를 보였다. 이런 경험이 쌓이면 책 좀 읽으라고 잔소리하지 않아도 스스로 동기부여가 되어 관심 분야의 책을 먼저 찾아 읽겠구나 싶었다.

아이가 유치원에 다니기 싫다고 하여 설득 끝에 포기하고 데리고 있던 여섯 살 그해에 아이와 나는 특별한 추억을 많이 만들었다. 거창하고 대단한 무엇을 한 것이 아니라 큰 준비 없이 1박 2일, 길면 2박 3일 일정으로 자주 여행을 다녔다. 초등학교에 입학하여 바빠지기 전에, 친구들과 어울리는 걸 더 좋아하기 전에 가까운 곳부터 자주 다니면서 즐거운 추억을 많이 쌓았다. 그 시간이 그 어떤 사교육, 선행학습보다 도움이 되었다고 생각한다.

05

캠핑을 시작하니 또래 친구가 생겼다

'이런 신세계를 왜 이제야 알았을까?' 아이가 일곱 살 무렵, 캠핑을 시작하면서 든 생각이다. 오래전부터 아이를 위해 캠핑을 해볼까 싶었지만 필요한 장비가 너무 많고 복잡해서 망설이다 포기하곤 했다. 남편이 캠핑을 좋아하지 않았기 때문에 추진 동력도 약했다. 남편은 뭐하려고 짐을 바리바리 싸 들고 장거리 운전해서, 힘들게 텐트 치고, 맨바닥에서 잠을 자며 불편하게 지내는지 이해하기 어렵다고 했다. '캠핑=고생'이라는 생각이 강했다. 하지만 아이에게 유익한 점이 많다는 설득에 결국 두 손을 들었다.

앤 덴스모어와 마거릿 바우만은 《3~7세 아이를 위한 사회성 발달 보고서》에서 실내보다는 실외에서 아이들이 더 적극적으로 상호 소통한다고 말한다. 더 열정적으로 놀이에 참여하고 더 큰 집중력을 보이며 갈등 해결에도 더 앞장선다는 설명이다.

실제 캠핑을 자주 경험한 주변 사람들은 아이의 사회성을 키우는 데는 유치원이나 학교 같은 기관보다 캠핑이 더 효과적이라며 입을 모았다. 캠핑장에서는 아이들 놀이에 어른의 개입이 거의 없기 때문에 아이들 스스로 안면을 트고, 친분을 쌓고, 놀이 방법도 찾는다. 가끔 갈등이 생겨도 대부분 자기들끼리 조율해서 해결한다. 옛날 아이들이 온 동네로 마실 다니듯이 이 집 텐트 저 집 텐트로 몰려다니며 죽치고 놀기도 한다. 각 가정의 문화를 간접적으로 접하는 것이다. 사회성이 자랄 수밖에 없다.

공동체 모임을 꽤 오랫동안 했음에도 불구하고 여섯 살까지 우리 아이는 친구 사귀는 데 적극적이지 않았다. 많은 친구들과 두루두루 폭넓게 어울리기보다 익숙한 한두 명의 친구들하고만 깊은 관계를 맺으려는 경향을 보였다. 하지만 캠핑을 다니면서부터 아이 스스로 친구를 사귀기 위해 두 팔을 걷어붙이기 시작했다. 누가 말을 걸어주면 대답을 하는 식으로 수동적 관계를 맺을 때가 많았던 우리 아이가 캠핑장에서는 처음 보는 아이에게 성큼성큼 다가갔다. “몇 살이니? 나는 일곱 살이야. 넌 집이 어디야? 나는 ○○에 살고, 유치원은 ○○에 다녀."라며 통성명을 시도했다. 그러면 상대 아이도 반가워하며 서로 묻고 대답하다가 순식간에 친구가 되었다. 그 순간부터 단짝이 되어 캠핑장 이곳저곳을 어울려 다니기 시작했다. 캠핑장에서는 한두 살쯤 나이 차이는 친구가 되는데 전혀 문제가 되지 않았다. 처음에는 한 명으로 시작한 친구가 친구의 친구까지 친구가 되면서 점점 큰 무리가 되곤 했다.

내 생각에 캠핑하기 가장 좋은 나이는 여섯 살이다. 이 무렵 아이들은 부모가 눈앞에 안 보여도 낯선 곳에서 새로운 친구들과의 놀이를 꺼리지 않기 때문이다. 무엇보다 또래 아이들이 캠핑장에 가장 많다. 친구 사귀기 딱 좋은 나이다.

우리 아이는 일곱 살, 늦은 나이(?)에 첫 캠핑을 시작했다. 그날은 눈과 비가 내려 야외 활동을 할 수가 없었는데, 아이는 난롯불을 쬐고, 고구마를 구워 먹는 것만으로도 들떴다. 엄마 아빠와 소소한 놀이를 하고 수다를 떨면서도 마냥 즐거워했다. 캠핑의 힘을 느꼈다. 하지만 사이트 간격이 좁아 옆 텐트의 대화를 본의 아니게 엿듣게 된다는 것과 아이들이 놀이할 공간이 없는 것이 아쉬웠다.

이후부터는 아이가 또래들과 놀 수 있는 공간이 있는지, 사이트 간격이 넓은지에 중점을 두고 캠핑장을 찾아보다가 박석캠핑장이라는 곳을 알게 되었다. 여러 가족 그룹, 지인 모임에서 와서 왁자

지껄 노는 곳이 아니라 한 가족 단위로만 와서 오붓하고 편안하게 힐링을 하고 갈 수 있는 캠핑장이다. 사방은 숲이고 빛 공해가 거의 없어 맑은 날 새벽녘에 하늘을 올려다보면 별이 쏟아지는 느낌이 들었다. 탄성이 절로 나왔다.

아이들과 함께 가기 좋은 캠핑장 정보는 '캠핑 퍼스트'같은 네이버 카페에서 쉽게 얻을 수 있다. 《아빠, 캠핑 가요!》 등과 같은 책을 참고하면 다양한 정보를 한눈에 볼 수 있어서 유용하다. 단, 많은 장비를 갖추는데 골몰하거나 아이를 위해 끊임없이 뭔가 해주어야 한다고 생각할 필요는 없다. 캠핑 도구는 최소한으로 준비하고, 아이들은 스스로 놀게 하는 것이 캠핑을 육아에 최대한 활용하는 방법이다.

아이들은 어른의 도움 없이도 스스로 친구를 찾고 놀이를 만들어내 신나게 놀 힘이 있다. 캠핑에서만큼은 엄마 아빠가 뒤로 빠지고 아이들에게 놀이의 주도권을 회복시켜주는 것이 좋다. 엄마 아빠가 처음부터 끝까지 함께 놀아주기 시작하면 캠핑에 가서도 아이들은 익숙한 엄마 아빠 곁을 맴돌 가능성이 커진다. 아이의 사회성을 키울 절호의 기회를 놓칠 수 있다. 그보다는 캠핑장에서 사귄 친구들을 모아 부모가 잠깐씩 놀아주면 아이들도 환호한다.

실천하기

아이와 함께 하는 여행

각 지자체 홈페이지의 관광 메뉴와 한국관광공사에서 운영하는 '대한민국구석구석' 홈페이지(korean.visitkorea.or.kr) 및 앱에 실속 있는 여행 정보가 많다. '대한민국구석구석' 메뉴 중 코스를 클릭하면 다양한 테마, 기간별로 여행객들이 직접 설계한 여행 코스가 지역별로 소개된다.

❶ 지역 축제

지역 축제는 해당 지역을 홍보하는 목적을 지녔기 때문에 잘 활용하면 적은 비용으로 만족도 높은 체험활동을 할 수 있다. 이름만 거창한 축제도 일부 있지만, 볼거리, 먹거리, 즐길 거리가 풍성한 축제도 상당히 많다. 문화체육관광부 홈페이지의 문화광장, 지역 축제 메뉴를 통해 2020년 993개 전국 축제에 관한 엑셀 자료를 다운받을 수 있다.

글로벌 축제	대표 축제	최우수 축제
보령머드축제 화천산천어축제 김제지평선축제 안동국제탈춤축제 진주유등축제	무주반딧불축제 문경찻사발축제 산청한방약초축제	담양대나무축제 진도신비의바닷길축제 보성다향축제 제주들불축제 이천쌀문화축제 안성바우덕이축제

❷ 시티투어버스

서울을 포함 전국 대도시에 104개 시티투어버스가 운행된다. 같은 도시라도 테마에 따라 코스가 세분된 경우가 많아 각자의 취향에 맞는 여행을 하기 좋다. 시티투어버스를 이용하면 어디를 어떻게 가서 무엇을 볼지 검색하는데 많은 시간을 들이지 않고도 알차게 여행을 할 수 있다. 2일 이상 여행한다면 첫날은 시티투어버스를 타고, 다른 날에는 시티투어 코스에서 좋았던 1~2곳이나 가지 않았던 곳을 집중적으로 관광하는 것도 만족도 높은 여행을 하는데 도움이 된다. '대한민국구석구석' 홈페이지(또는 앱)에서 '시티투어버스'를 검색하면 손쉽게 정보를 알아볼 수 있다. 다음은 대표적인 시티투어버스 웹사이트이다.

서울	www.seoulcitybus.com	대전	www.daejeoncitytour.co.kr
부산	www.citytourbusan.com	광주	www.gwangjucitytour.com
군산	www.gunsan.go.kr	삼척	www.citytour.samcheok.go.kr
울산	www.ulsancitytour.co.kr	제주	www.jejucitybus.com

❸ 자연휴양림

전국적으로 149개의 휴양림이 있다. 많은 휴양림에는 숲해설사가 있어서 무료로 생태수업을 들을 수 있다. 자연물 공방이 있는 곳도 많아서 다양한 체험활동이 가능하다. 숙박료는 평일 기준 1박 3만 원에서 6만 원 선이다. www.foresttrip.go.kr

❹ 관광열차

코레일에서 운영하는 코레일관광 홈페이지(www.korailtravel.com)를 참조하면 다양한 열차 여행 패키지가 있다. 운전 부담 없이 계절별 테마여행을 편하게 다녀오기 좋다. 크리스마스 시즌에는 산타마을이라 불리는 분천역까지 운행하는 '백두대간 협곡열차'를 이용하면 특별한 추억이 된다.

6장

엄마의 말하기가 중요하다고 해서

01

"넌 못해" 대신 "다시 하면 돼"

어린 시절 나는 엄마와 함께 요리하고 싶었다. 하지만 늘 바빴던 친정엄마는 어린 나와 요리하는 것을 성가셔했다. "나중에 시집가면 하기 싫어도 해야 할 텐데 뭣 하러 벌써 시작해?"라고 내치셨다.

그런 아쉬움 때문인지 나는 아이가 어릴 때부터 요리에 동참시켰다. 아이가 '나는 아직 어려서 아무것도 못 한다'라고 생각하지 않았으면 했다. 역시나 아이는 요리를 즐거워했다. 처음에는 엄마인 내가 주도적으로 했지만 한 해 두 해 지나면서 아이 스스로 해낼 수 있는 일을 늘리기 위해 내 역할은 조금씩 줄여나갔다. 어린아이가 혼자 할 수 있는 요리라고 해봐야 뻔하지만, 그중 가장 자주 한 것이 달걀 프라이였다. 어른의 시각으로 보자면 달걀 프라이를 요리라고 말하기 민망하지만, 어린아이에게는 어마어마한 음식이다.

일곱 살 무렵 처음으로 달걀 프라이를 같이 할 때는 내가 달걀을 깨서 프라이팬에 떨어뜨리면 아이가 뒤집는 일을 했다. 뜨거운 불 앞에서 하는 요리니까 단순히 뒤집는 것도 아이는 겁을 냈다(인덕션을 이용할 경우 두려움을 훨씬 덜 느낀다). 그래서 아이 등 뒤에서 뒤집개를 함께 잡고 달걀을 뒤집었다. 다 익은 뒤 꺼내는 것도 마찬가지로 엄마의 도움이 필요했다.

아이는 점차 혼자 해보려고 시도하더니 어느 날은 달걀을 직접 깨보겠다고 했다. 날달걀의 껍질을 살짝 깨는 것은 상당히 정교한 힘 조절이 필요한 일이다. 힘 조절이 서툰 아이가 달걀을 깨뜨리는데 너무 큰 힘을 줘서 껍질이 으스러졌다. 껍질과 내용물이 뒤범벅되었다. 아이에게 아직 무리가 있구나 싶어 이후에는 껍질을 살짝 깨뜨려 건네주었다. 그래도 껍질을 벌릴 때 힘 조절이 안 돼서 껍질과 노른자, 흰자가 으스러져 뒤섞였다. "넌 아직 어려서 달걀을 잘 깰 수 없어! 엄마가 해줄게."라고 하고 싶은 마음도 있었지만 "너는 미숙해."라는 말로 들릴까 봐 참았다. 대신 그릇을 준비했다. 그릇 위에서 달걀을 깨뜨린 뒤 프라이팬에 붓는 과정을 거쳤다. 그릇 위에서 달걀을 깨면 실수를 하더라도 수습이 간단하기 때문에 아이가 덜 부담감을 느꼈다. 이 과정에 익숙해지고 나서는 그릇을 이용하지 않고 프라이팬 위에서 바로 달걀을 깨트려 익히는 단계로 넘어갔다. 여덟 살 무렵, 달걀 프라이를 온전히 자기 힘으로 해냈을 때 아이는 불가능을 가능하게 만들기라도 한 것처럼 자랑스러워했다. 이후 아이는 종종 엄마 아빠를 위해 달걀 프라이를 만들어주었다.

어느 날 아이는 집으로 초대한 친구에게 달걀 프라이를 해주겠다면서 호기롭게 요리를 시작했다. 자신감 넘치는 태도로 냉장고에서 달걀을 꺼낸 뒤 가스레인지 위에 프라이팬을 올리고, 가스 불을 켜고, 기름을 둘렀다. 친구 보란 듯이 달걀을 '탁' 쳤다. 그 순간 껍질이 박살(?) 나면서 노른자, 흰자가 주르륵 흘러 주방 바닥에 떨어졌다. 아이는 순간 당황해서 내 얼굴을 쳐다봤다. 친구 앞이라 더 민망한 아이의 마음이 읽혔다. 나는 일부러 더 밝은 목소리로 "바닥에 떨어졌네. 달걀 다시 꺼내서 새로 해야겠다."라고 대답했다. 아이의 표정에서 안도감이 피어올랐다. 난장판이 된 바닥을 함께 치우면서 아이와 나는 깔깔거렸다. 그 모습을 보던 아이 친구는 이해가 안 된다는 표정으로 내게 물었다.

"왜 화 안 내요?" 그 말을 들은 나는 "왜 화를 내야 해?"라고 되물었다. 아이의 친구는 "이렇게 큰 실수를 했잖아요. 우리 엄마는 제가 어지럽힐까 봐 주방 근처에도 못 가게 해요."라고 답했다.

"왜 화를 안 내냐면 이모도 실수를 자주 하거든. 실수 안 해야지 하면 오히려 더 실수하게 되더라고." 옆에서 듣던 우리 아이는 "맞아. 우리 엄마도 우유 흘리고, 물 엎지르고, 물건 떨어뜨릴 때가 많아." 하고 엄마의 전적을 떠벌리며 쿡쿡 웃었다.

하임 G. 기너트는 《부모와 아이 사이》에서 "하찮은 불행은 가볍게 취급해야 한다."고 말한다. 간단한 문제를 큰 사건인 양 다루어서는 안 된다는 조언이다. 나는 어른과 아이 모두 처음엔 서툴고 실수하지만, 그건 당연한 일이고 반복해서 연습하다보면 능숙해진다는 걸 경험을 통해 알려주고 싶었다. 그래서 아이가 실수하더라도 "그렇게 하지 말았어야지!"라고 질책하지 않으려 노력했다. 얼른 상황을 수습하고 "다시 시작하면 돼."라는 태도를 갖도록 하고 싶었다. 이미 자신이 무엇을 잘못했는지 알고 있는 아이에게 굳이 "이렇게 저렇게 해야 실수를 안 할 수 있다."라고 말하면 엄마 속은 시원할지언정 아이를 주눅 들게 할 뿐이라고 생각했다. 긴장해서 실수한 아이에게 필요한 건 "실수하지 마."가 아니라 "괜찮아. 다시 하면 돼."라는 말 아닐까.

실수하면 안 된다는 생각에 잔뜩 긴장하다 보면 세상 수많은 일이 너무 두렵고, 감히 손을 댈 엄두가 안 날 것이다. 작은 일부터 하나둘 실수하면서 배우고, 반복하면서 능숙해지다 보면 다양한 도전 과제도 해보자고 달려들 수 있을 거라 믿는다. 우리 아이는 또래보다 다양한 실수를 했고 그를 통해 크고 작은 성공을 경험했다. 그것은 아이에게 '스스로를 믿는 힘'을 키워주고 있다고 생각한다.

02

"위험해!"라는 말 대신 안전한 놀이 방법을 고안했다

우리나라 최초로 1인 요트를 타고 세계 일주를 한 강동석 씨와 세계 4대 극지 마라톤을 완주한 윤승철 씨의 인터뷰 기사를 본 적이 있다. 그들은 세상에 100% 안전한 것은 없다며, 경험을 통해 스스로 위험을 깨우치는 게 중요하다고 말했다. 북유럽에서는 아이들에게 망치나 못 등 공구를 안전하게 사용하는 방법을 가르쳐주고, 직접 사용하게 하면서 조심해야 할 것들을 스스로 깨치게 한다는 것이다.

내가 안전에 관해 노심초사하기 시작한 것은 아이가 걷기 시작하면서부터였다. 두 발로 걷게 되면서 아이는 안전한 집안을 벗어나 자주 바깥을 다녔다. 자칫 아이가 다칠까 봐 마음이 조마조마했다. 종종 "조심해. 다쳐. 하지 마!"라고 말하고 싶은 충동을 느꼈다. 아이를 위험으로부터 지키고 싶은 게 엄마니까.

아이를 낳고 나서 겁쟁이 되고 말았다고 말하는 엄마들이 많다. 나 또한 싱글일 때는 혼자 지프를 운전해서 오지로 여행을 떠나곤 할 정도로 두려움이 적은 편이었다. 하지만 엄마가 되고 나니 '이것도 위험해, 저것도 안전하지 않아.'라는 생각이 수시로 밀려들었다. 곳곳에서 발생하는 다양한 사건·사고 소식은 엄마들을 불안하게 한다. 아이를 감싸고 지켜야 한다는 생각이 강화된다. 위험한 세상에서 어떻게 아이를 안전하게 지켜낼 것인가 전전긍긍할 수밖에 없다.

아이가 대여섯 살 무렵 했던 숲 놀이 모임에서 한 엄마가 유독 "조심해."라는 말을 자주 했다. 아이가 오솔길에서 조금만 벗어나면 그 엄마의 목소리가 다급하고 커졌다. "멈춰! 다쳐! 가지 마!" 그러면 아이는 화들짝 놀라서 '안전한' 길 위로 얼른 돌아왔다. 그 아이는 스폰지처럼 폭신폭신하게 쌓인 나뭇잎을 춤을 추듯 신나게 밟는 촉감도, 낙엽이 부스러지며 바스락거리는 소리도, 밟을수록 진해지는 가을 낙엽 냄새도 맡지 못했다.

어느 날 그 엄마에게 물어본 적이 있다. 왜 아이에게 정해진 길로만 걸으라고 하는지를. 그 엄마는 "어릴 적에 바깥 놀이를 하다가 몸을 다친 적이 있어서 트라우마가 있다."라고 말했다. 조금이라도 위험요소가 있다는 생각이 들면 심장이 쿵쾅거리면서 두려움에 휩싸인다고 했다. 그런 영향 때문인지 그 엄마의 아이는 야외에서 몸을 움직여서 하는 일은 무엇이든 겁부터 내는 태도를 보였다. 그 엄마는 "다양한 경험을 시켜주고 싶은데 아이가 소심해서 걱정이다. 집에서 얌전히 앉아 노는 걸 좋아한다."고 말하곤 했다.

엄마들은 아이들이 조금이라도 다칠 가능성이 있는 놀이는 아예 시작도 못 하게 하는 경향이 있다. 그래서 놀이터 바닥조차 모래 대신 푹신푹신한 우레탄이 깔려있다. 반면 북유럽에서는 놀이터를 일부러 조금 위험하게 만들어서 아이들이 스스로의 안전을 지키면서 모험을 즐기는 훈련을 시킨다고 한다. 그것이 도전정신을 북돋운다는 것이다.

아동발달 전문가들도 적당한 위험에 노출되는 것은 오히려 필요하다고 말한다. 위험을 마주하고, 도전하고 극복하는 과정을 통해 아이의 본성인 모험심이 충족되고, 그 과정에서 아이는 좀 더 용기 있는 사람으로 커간다는 것이다. "위험해. 다쳐. 하지 마!"라는 말 대신 다치지 않고 안전하게 놀 수 있는 방법을 알려주는 것이 어떨까.

나는 평소 아이에게 의도적으로 도전을 권유하는 편이다. "저거 재미있겠다. 한 번 해볼래?"라고 묻고, 아이가 겁내면 "다칠까 봐 무서워서 아무것도 해보지 않으면 재미있는 놀이를 할 수 없어."라고 말한다. 우리 아이의 경우 기질적으로 두려움과 불안도가 높은 편이기 때문이다. '위험'의 수준을 아이의 단계에 맞게 조절하면서 조금씩 더 큰 위험도 스스로 감당할 수 있는 힘을 키워주고 싶다.

이런 경험을 통해 아이는 조금씩 자신이 감당할 수 있는 수준의 위험도를 알아가고 점점 더 높은 단계의 도전도 감행하려는 용기를 보인다. 점차 자신의 안전을 지키는 방법을 도전 속에서 스스로 모색하게 된다. 이것은 궁극적으로 자기 자신을 신뢰하는 자기 긍정감을 높인다고 믿는다.

이시다 가쓰노리는 책《엄마의 말센스》에서 자신을 믿는 아이가 세상도 신뢰하며 더 행복한 삶을 살아갈 수 있다고 말한다. 그 말처럼 아이들이 자기 자신을 믿고 긍정하기 위해서는 아이들도 자신이 할 수 있는 일과 할 수 없는 일을 구분 짓고, 할 수 없는 일을 해내려면 어떤 준비가 필요한지 스스로 판단할 수 있어야 한다고 생각한다. 거창하게 말하면 메타인지 능력이라고 할 수도 있겠다.

아직 어리다고 엄마가 옆에서 일일이 "그건 위험해. 하면 안 돼. 그건 안전해. 해도 돼."라는 식으로 알려주면 아이는 어느 순간부터 자신의 판단을 신뢰하는 것이 아니라 엄마의 '지시'를 기다리는 수동적인 아이로 커갈 수 있다고 한다.

삶은 도전의 연속이다. 어려움이 있어도 이겨내겠다는 도전정신은 어렸을 때부터 다소 위험한 일, 어려운 일도 감당해 보았던 경험에서 커지는 것 아닐까. 물론 아이가 적정 도전 단계를 스스로 판단하기까지 부모의 개입이 어느 정도는 필요하지만, 그 기준은 조금 담대해져도 된다는 생각이다.

03

"울지마"라 하지 않고 아이 마음에 공감했다

어느 날 저녁 식사와 뒷정리를 끝내고 침실에서 책을 읽고 있었다. 아이는 오랜만에 일찍 귀가한 아빠가 함께 놀아주니 엄마를 찾지 않았다. 모처럼 육아에서 해방되어 평일 저녁의 여유를 만끽하고 있는데 갑자기 울먹이는 소리가 들리기 시작했다. 아이가 뭔가 불만이 있어 투정 부리는 듯했다. 도대체 무슨 일인가 싶어 문을 열고 나가 자초지종을 묻고 싶었지만, 꾹 참았다. 아빠가 갈등 상황을 직접 해결하는 것이 좋겠다는 판단이었다. 그럼에도 드문드문 대화 내용이 들렸다.

아빠 괜찮아. 괜찮아.

아이 (흥분해서) 난 안 괜찮거든!

아빠 다시 하면 돼.

아이 (울먹인다) 언제 다시 해?

아빠 아빠가 도와줄게.

아이 아빠가 어떻게 도와줘? 내가 해야 하는 건데.

아빠 그럼 어떻게 할 거야?

아이 나도 몰라. 이제 어떡해!

잠시 후 현관문이 열리는 소리가 나더니 집 안이 고요했다. 남편이 아이를 데리고 밖으로 나가서 기분전환을 시키려나 싶었는데 내 방문이 열리고 아이가 고개를 푹 숙인 채 들어왔다. 내 품에 안기지도 않고 멀찍이 침대 끝에 엎드려 흐느꼈다. 엄마의 위로를 받고 싶다는 신호임을 얼른 알아차렸다.

아이에게 무슨 일이 있어서 속상했는지 물었다. 숙제를 하다가 노트가 크게 찢어졌다는 대답이 돌아왔다. 투명테이프로 붙여볼까 물었다가 너무 많이 찢어져 소용없다는 볼멘소리가 들려왔다. "테이프를 붙여도 소용없을 만큼 노트가 많이 찢어졌구나. 그래서 당황스럽구나…."라며 아이 마음에 공감했다. 속상한 마음을 알아주자 아이는 설움이 폭발했는지 "학교에서 쉬는 시간에 놀지도 않고 숙제하고, 집에 와서도 했단 말이야. 그런데 노트가 찢어져서 처음부터 다시 해야 해."라며 엉엉 울었다.

엄마 숙제가 많았어? 학교에서도 하고 집에 와서도 할 만큼?

아이 응.

엄마 숙제하는데 시간이 얼마나 걸렸어?

아이 한 시간 반쯤….

엄마 (놀라면서) 정말? 진짜 속상하겠다. (꼭 안아주면서) 그렇게 오랫동안 열심히 한 숙제가 찢어졌으니 화가 날만도 하네. 다시 숙제할 생각만 해도 앞이 깜깜하겠네.

자신의 마음을 말로 대신 표현해주자 아이의 표정에서 '짜증'이 흐릿해졌다.

엄마 엄마도 비슷한 경험이 있어서 네가 지금 어떤 마음인지 알 것 같아. (아이는 아무 말 하지는 않았지만, 엄마 이야기에 관심을 보였다) 엄마가 몇 달 전에 세 시간 동안 열심히 글을 썼는데 갑자기 노트북이 꺼져버리는 바람에 글이 저장 안 되고 사라졌어.

아이 그래서 어떻게 됐어?

엄마 너무 당황스럽고, 막막하고, 짜증나고, 기운도 빠지더라고. 다

아이를 키우면서 '감정을 제대로 읽어주는 것'이

얼마나 강력한 힘을 가지는지 자주 경험했다.

자연스러운 감정 표현을 억압하면 진정되지 않던 아이가

그 속마음을 읽고 반영해주면 거짓말처럼 잠잠해졌다.

시 글을 쓰려고 하는데 어떤 내용을 썼는지 기억이 하나도 안 나는 거야.

아이 (엄마가 겪은 상황에 몰입하느라 자기의 속상한 마음은 이미 잊은 상태다) 그래서 안 썼어?

엄마 새로운 내용으로 다시 썼어. 막상 쓰기 시작하니까 다시 쓰는 게 그렇게 어렵지 않더라.

아이 그랬구나.

그 후 아이의 어깨를 감싸 안고 거실 테이블로 자리를 옮기면서 숙제를 도와주겠다고 제안하자 아이는 노트를 가져왔다. 그 숙제는 아이가 익숙하지 않은 콤파스를 이용하는 문제였다. "콤파스를 처음 사용하다 보니 익숙하지 않아서 그렸다 지우는 걸 반복했구나. 그래서 찢어질 수밖에 없었겠네. 우리 도윤이가 이제 콤파스 사용도 할 수 있을 만큼 많이 컸구나." 문제 상황에서도 아이를 북돋기 위해서 긍정적인 면을 읽어주었다. 어느덧 기분이 좋아진 아이는 밤 9시가 넘은 늦은 시간임에도 숙제를 새로 하겠다며 스스로 노트를 펼치고 자세를 잡았다.

"와 도윤이 정말 대단하다. 엄마 같으면 피곤해서 포기하고 싶을 거 같은데…. 네가 엄마보다 의지가 더 강한 것 같다. 엄마도 너의 의지력을 배워야겠는걸. 엄마도 졸리지만, 네가 숙제 다 할 때까지 필요하면 옆에서 도와줄게." 나는 아이를 격려하며 곁을 지켰다. 밖에 나갔다 돌아온 남편은 숙제하는 아이의 모습을 보더니 어리둥절했다. 아무리 달래도 울면서 투정을 부리던 아이가 오히려 기분이 더 좋아져서 신나게 숙제를 하고 있으니 말이다.

하임 G. 기너트가 저술한 《부모와 아이 사이》에서는 부모가 아이 감정을 존중해주지 않으면, 아이는 자신의 존재 가치를 낮게 평가하게 된다고 설명한다. 감정을 인정해야 존중받는 느낌을 얻고 그만큼 자신의 가치도 소중하게 여기게 된다는 것이다. 존 가트맨도 《존 가트맨식 감정 코치법》에서 아이 감정을 소중히 여길 때 아이는 부정적인 감정에 강한 아이, 학교 생활과 학우들 관계가 좋은 아이로 성장하게 된다는 연구 결과를 소개했다.

아이를 키우면서 '감정을 제대로 읽어주는 것'이 얼마나 강력한 힘을 가지는지 자주 경험했다. "괜찮아. 괜찮아." 또는 "울지마! 뚝 그쳐!"라고 자연스러운 감정 표현을 억압하면 진정되지 않던 아이가 그 속마음을 읽고 반영해주면 거짓말처럼 잠잠해졌다. 부정적인 감정이 완화되는 것은 물론 이전보다 더 기분이 좋아질 때도 많았다. "울지마." 대신 "울어도 괜찮아." 하며 안아주는 것이 더 강한 힘을 발휘하는 건, 아이 역시 존중받아야 할 한 사람임을 인정하는 말이기 때문일까.

04

"엄마 말 들어"보다는 아이 스스로 깨닫게 했다

《하루 5분 엄마의 말습관》을 쓴 임영주 교수는 "넌 아무 생각하지 말고 공부나 해."라는 말은 스스로 생각하지 않는 무능력한 아이를 키우는 잘못된 표현이라고 경고한다. 아이의 생각, 아이의 선택을 무시하는 태도라는 것이다.

아이를 키우다 보면 '안 해야 좋은 일'을 아이가 하겠다고 억지를 피우는 상황을 종종 마주한다. 그럴 때 무섭게 인상을 쓰고 버럭 소리를 지르며 "엄마가 하지 말랬지!"라고 하면 단숨에 제압된다. 그런 방법이 잠시 편할지는 모르겠지만 엄마와 아이의 스트레스만

높일 것이라 생각했다. 아이에게 결정권을 주면서도 올바른 판단을 할 수 있도록 도울 방법이 무엇인지 고심했다.

우리 아이는 고집이 있는 편이라 엄마가 하지 않으면 좋겠다는 일에 순순히 "네~ 안 할게요. 엄마."라고 하는 법이 없었다. 나는 시간이 좀 걸리더라도 차분히 '왜 안 하는 게 좋은지' 납득할 수 있게 아이의 눈높이에서 설명해주려 노력했다. 대개 아이가 엄마 말에 수긍하는 편이었지만 좀처럼 뜻을 굽히지 않을 때도 있었다. '왜 안 돼? 될 거 같은데!'라는 생각이 강할 때다. 그럴 때는 엄마가 아무리 설명해도 건성으로 듣는다. 직접 경험해본 적이 없기 때문에 '안 되는' 이유를 설명하는 엄마의 말이 곧이곧대로 들리지 않는다.

아이가 네 살 때 숲 놀이 공동체 모임에 참석하려고 아침 일찍부터 서두르고 있었다. 때는 여름이었다. 모든 준비를 마치고 집을 나서기 위해 신발을 신으려는데 아이가 느닷없이 한겨울에 신던 로보카폴리 털부츠를 꺼내 신겠다고 했다. 겨울에도 땀이 날 만큼 털이 수북한 부츠를 한여름에, 그것도 산에 오르면서 신겠다고 하니 어처구니가 없었다. 역시 아이는 아이구나 싶었다. "털부츠는 추운 겨울에 신는 신발이야. 지금은 더운 여름이라서 시원한 운동화를 신어야 해."라고 답을 했다. 아이가 순순히 수긍할 줄 알았는데 예상과 달리 그 부츠를 꼭 신어야겠다고 고집을 부렸다. 발이 더울 거라고 아무리 이야기해도 듣지 않았다. 한여름에 털부츠를 신고 경사진 산길을 올라가면 땀이 비 오듯 쏟아질 것이 눈에 훤히 보였지만 더는 아이를 막아서지 않았다. 어떤 상황이 벌어질지 충분히 설명해 준 것으로 내 역할은 다했다고 생각했다.

"엄마 말 들어. 하라는 대로 해."라고 아이에게 여지를 주지 않으면 간단히 해결될 일이었다. 하지만 "엄마 말 들어."라고 말하는 강압적 상황이 반복되면 아이는 '아무리 말해도 소용없어. 내 말을 들어주지 않아.'라고 생각하며 포기와 체념에 길들여질 것 같았다. 자신이 직접 겪어봐야 여름에 털부츠를 신으면 덥고 힘들다는 걸, 엄마가 안 되는 이유를 설명할 때는 귀 기울여 들을 필요가 있다는 걸 깨달을 수 있다고 여겼다.

시간에 맞춰 모임 장소에 도착하니 아이의 친구들은 단번에 부츠를 알아보고 '로보카폴리'라며 환호했다. 날씨와 신발의 상관관계를 알 리 없는 네 살짜리들은 당시 최고 인기 캐릭터였던 로보카폴리 부츠를 신은 우리 아이를 부러워하기까지 했다. 하지만 엄마들은 우리 아이의 털부츠와 내 얼굴을 번갈아 쳐다보았다. 어떤 사정이 있었는지는 말하지 않아도 알겠다는 눈빛이었다. 아무리 그렇다 해도 아이를 말리지 않고, 한여름에 털부츠를 신겨서 산에 온 상황에 대해 '심하다'는 반응이었다.

드디어 모든 아이들이 모여서 목적지를 향해 출발했다. 등산객들이 오르내리며 우리 아이의 털부츠를 발견하곤 한마디씩 할 때마다 민망한 마음이 들었다. 이 또한 훗날 재미있는 추억이 되겠지 하는 마음으로 꾹 참았다. 누가 뭐라든 말든 아이는 한동안 신나서 털부츠를 신고 걸었다. 그러다가 점차 힘들어하기 시작했다. 한 시간쯤 지나니 "발이 너무 더워."라고 했다. 아이는 자기가 한 말이 있으니 쉽게 포기하지는 못하고 힘들어하며 걸었다.

"많이 힘들어? 우리 잠시 쉬었다 갈까?" 했더니 아이가 풀썩 주저앉았다. "조금 쉬고 나면 다시 걸을 수 있겠어?"라고 물으니 선뜻 대답을 못했다. 이때 아이 몰래 가방에 넣어온 운동화를 "짜~잔" 하고 꺼내주었다. 아이는 신발을 보는 순간 "휴~이제 살았다!"라고 말하는 듯 환하게 웃었다.

나는 "거 봐라. 엄마가 더울 거라고 했지? 엄마 말 안 듣더니 그렇게 고생하고."라고 말하지 않았다. 아이가 이미 깨달은 바가 있을 거라 믿었기 때문이다. 이후 아이는 엄마가 안 되는 이유를 설명하면 귀 기울여 듣고, 대체로 수용하는 태도를 보였다.

군디 가슐러와 프랑크 가슐러는 《내 아이를 위한 비폭력 대화》에서 아이에게 "네가 무엇을 필요로 하는지 내가 더 잘 알아." 하는 식으로 부모의 생각을 강요하기보다 부모 자신의 경험을 공유하며 제안하듯 말하는 것이 좋다고 조언한다.

아이들은 경험이 부족하여 자신이 후회할 선택을 한다는 걸 인지하지 못한다. 엄마가 막아서고, 반대하면 '엄마는 내가 원하는 걸 못하게 하는 사람'이라는 부정적 선입견이 생길 것 같았다. 그래서 나는 아이의 선택을 막는 대신, 그 선택으로 인해 어떤 결과가 예상되는지 알려주는 데 그쳤다. 뻔히 보이는 '고생'을 선택하더라도 아이가 그 고생을 직접 겪으면서 배우는 게 더 크다고 생각했기 때문이다.

05

"안 돼"가 아니라 왜 안 되는지 설명했다

어린아이를 키우다보면 하루에도 몇 번씩, 아니 수십 번씩 "안 돼!", "하지마!"라고 말할 상황이 생긴다.

"이거 만져봐도 돼?"

"안 돼."

"이거 해봐도 돼?"

"안 돼."

"게임해도 돼?"

"안 돼."

…

한두 번 "안 돼."라고 했는데 아이가 계속 고집을 피울 때 눈을 부릅뜨고 "안 된다고 했지!"라며 목소리를 높이면 아이들은 대개 꼬리를 내린다. 바로 순응모드로 전환된다. 나도 아이에게 "안 돼!"라고 말하고 싶은 충동을 느낄 때가 종종 있다. 하지만 그런 충동을 억누르고 아이 마음을 읽어주고 대안을 찾아주기 위해 노력하는 편이다. 대안이 없다면 안 되는 이유를 아이가 이해할 수 있도록 설명을 해준다.

어린아이일수록 길게 설명하면 이해하기 어렵다고 하니 최대한 아이 눈높이에 맞춰 간결하고 명확하게 '왜 안 되는지' 이유를 차근차근 설명하려 노력했다. 때론 "안 돼!"라는 한마디 내뱉는 것보다 몇십 배 이상의 에너지가 소모되는 느낌이 들기도 했다. 시간도 적지 않게 걸렸다. 어차피 설명해줘도 못 알아듣고 계속 고집 부리는데 쓸데없는 시간 낭비를 하는 건 아닌가 싶을 때도 있었다.

갈등 상황에서 다른 엄마들이 단호하게 "안 돼!"라고 말하는 순간 아이들이 바짝 긴장하며 얼른 순종적인 태도를 보이면 살짝 부러운 마음이 들기도 했다. 아이를 단숨에 제압한 엄마들은 '난 이 정도로 아이를 잘 다뤄.'라며 어깨를 으쓱이는 것만 같았다. 단

1~2초면 해결될 일을 나는 10분 이상 노력을 쏟을 때가 많으니 어린아이 하나 감당하지 못하고 쩔쩔매는 엄마처럼 보일까 뒤통수가 따갑기도 했다. 하지만 아이를 어른과 동등한 인격체로 존중하는 힘을 믿었기에 공들여 소통하려는 노력을 계속할 수 있었다.

오수향은《1등 엄마의 말품격》에서 꼭 필요할 때가 아니면 아이에게 지시와 명령을 남발하지 말아야 한다고 말한다. 또 아이에게 지시할 때는 꼭 그 이유를 설명해야 아이 스스로 행동할 수 있다고 한다. "지금 당장 이를 닦아."가 아니라 양치를 하지 않으면 안 되는 이유에 관해 아이가 납득하도록 설명해야 한다는 것이다.

그 말처럼 노력했지만 한동안은 부질없는 수고 같았다. 하지만 아이와 소통하며 말하려는 노력은 시간이 갈수록 빛을 발했다. 해를 거듭할수록 아이는 스스로 되는 일과 안 되는 일을 분별하기 시작했다. 안 되는 일은 왜 안 되는지, 되는 일은 왜 되는지 스스로 이해하니 엄마가 나서서 안 된다고 막아설 일이 현저히 줄어들었다.

그렇게 키운 탓인지 우리 아이는 스스로 납득할 수 없으면 "하지마." "안 돼."라는 지시를 따르지 않는 편이다. 상대방에게 설명을 요구한다. 그런 아이를 보며 우리 부부는 '납득이'라는 별명을 붙여줬다. 납득을 해야 움직이는 아이라는 뜻이다. 나는 매 학년 초 선생님과 상담할 때 아이의 특성을 말씀드린다. 다행히 선생님들도 "그럴 수 있다."며 이해하고 수용해주셨다. 아이가 "왜 해야 해요? 왜 하면 안 돼요?"라고 반문할 때, 감히 선생님에게 따진다고 생각하지 않고 이유를 제대로, 충분히 설명해주려 노력해주셨다.

2학기 학부모 상담에서 선생님은 우리 아이는 한 번만 제대로 설명해서 이해시키면 이후부터는 "안 돼."라고 말할 일을 거의 하지 않더라는 말씀을 하셨다. 우리 아이에게만 해당하는 이야기는 아닐 거라고 생각한다.

소아정신과 의사 신의진은《현명한 부모들이 꼭 알아야 할 대화법》에서 어른의 말을 너무 잘 듣는 아이는 자기 의지와 상관없이 착해져야만 했던 아이이기 때문에 호기심과 창의력 발달에 문제가 있을 수 있다고 말한다. 인간관계나 사회생활에 있어서도 소극적이고 자신의 의견을 표현하지 못하는 아이로 성장할 수 있다는 것이다.

부모가 권위 있어야 한다는 이유로 눈을 부라리고 무섭게 "안 돼!"라고 말하면 두말없이 요구를 멈추는 어린아이들을 종종 본다. 얼굴에서 억울함이 묻어나지만 더 이상 반항해봐야 소용없고, 오히려 불벼락이 떨어진다는 걸 경험으로 알기 때문에 순종적인 모드로 급변한다. 마치 "나는 말 잘 듣는 착한 아이예요."라고 말하는 듯. 이해가 아닌 체념의 결과다. 때로 엄마 면전에서 툴툴거리고 씩씩대다가 '등짝 스매싱' 당하는 아이들을 보기도 한다. 그런 모습을 보면 가슴이 아프다. 아이들 마음에 생채기가 여기저기 멍든 꽃처럼 피어나는 것이 보여서다.

실천하기

아이의 자존감을 키우는 말

아이가 어렸을 때는 가급적 고운 말을 쓰려고 노력하던 엄마들도 아이가 커갈수록 거칠게 말하거나 명령하듯 강압적으로 말하게 되는 경향이 있다. 아이들과 독서 토론을 하면서 속마음을 들어보면 부모들이 무심코, 습관적으로 던진 말에 상처를 받은 경험담이 쏟아진다. 아이도 어른과 동등한 인격체라고 생각하면서 '내가 아이라면 어떤 말을 듣고 싶을까?'를 한번 생각하고 말하는 습관을 들이면 도움이 된다. 아이와 좋은 관계는 '자존감을 높이는 말'에서 출발한다.

◆사랑을 표현하는 말
하늘만큼, 땅만큼 사랑해.
네가 엄마 아이라 정말 좋아.
엄마는 너를 믿어.
엄마는 언제나 네 편이야.
엄마는 네가 자랑스러워.

◆공감하는 말
그랬구나.
엄마라도 그랬겠다.
그럴 수도 있겠다.
엄마도 그런 적이 있어.
많이 힘들었겠다.

◆힘이 되는 말

처음이니까 못하는 게 당연해. 자꾸 하다 보면 잘하게 돼.

너라면 할 수 있어.

혼자서도 잘하는 일이 이렇게 많네! 기특해라.

점점 더 좋아지고 있네.

엄마가 너한테 배워야겠는걸.

엄마는 잘 모르겠어. 좀 가르쳐줄래?

(아이가 실수했을 때) 괜찮아. 닦으면(치우면, 해결하면) 돼!

◆존중하는 말

(명령하는 말 대신) ~좀 해줄 수 있어? 왜냐하면~

(안 된다는 말 대신) 다른 방법은 없을까?

너는 어떻게 하고 싶어?

왜 그렇게 생각했는지 말해줄 수 있어?

네 생각을 존중해.

◆고마움을 표현하는 말

도와줘서 고마워.

부탁을 들어줘서 고마워.

엄마 말에 귀 기울여줘서 고마워.

7장

외롭다면 공동 육아가 답이라고 해서

01

숲 생태 놀이를 시작했다

육아를 하면서 '한 명의 아이를 키우려면 온 마을이 필요하다'는 아프리카 속담을 종종 접했다. 다소 추상적인 표현이 최성애 박사와 조벽 교수가 쓴 《정서적 흙수저와 정서적 금수저》의 설명을 통해 구체화된다.

책은 인류학자들의 연구 결과를 들어 아이의 다양한 욕구를 충족하기 위해서는 아이 한 명당 최소 4명의 '어른 돌보미'가 필요하다고 말한다. 과거 대가족 시대에는 많은 가족 구성원으로 인해 그 비율이 쉽게 충족되었지만, 핵가족 시대가 되면서 그 어른의 수가 부모 1~2명으로 줄어 아이들이 정서적 빈곤 상황에 놓이게 되었다는 것이다.

인류학자들의 주장이 아무리 옳고, 부모들이 간절히 원한다고 해도, 실제 아이들이 다수의 '어른 돌보미'를 접하기 어렵다. 나는 아이를 키우면서 우연한 기회에 공동체 모임을 통한 육아를 하게 되었는데, 온 마을이 한 아이를 키우는 방식과 상당히 유사한 느낌이었다. 많게는 10명, 적게는 4명의 엄마와 아이들이 주기적으로 만났기 때문에 아이 한 명당 4~10명의 다양한 특성을 가진 어른들과 친밀한 관계를 맺을 수 있었다. 엄마와 아이 모두에게 튼튼한 정서적 울타리가 생겼다. 운명처럼 나와 우리 아이를 공동 육아 모임으로 이끈 '숲 생태 놀이' 첫 경험을 소개해본다.

어느 겨울날 집으로 흘러들어온 지역신문에서 작은 기사를 발견했다. 북한산에서 활동할 '숲 생태 놀이' 유아반을 모집한다는 내용이었다. 그때 우리 아이는 14개월이었다. 걸음걸이가 제법 자유로워졌을 때라 아이 손을 잡고 나들이 삼아 첫 모임 장소에 무작정 찾아갔다. 숲 놀이 지도 선생님은 아이가 너무 어리다고 당황했지만 멀리 찾아온 성의를 봐서 1회 체험 수업을 하도록 배려해주었다. 만약 그날 내가 그곳을 찾아가지 않았다면 나의 육아기도 지금과 많이 달라졌을지도 모르겠다.

그 당시 읽었던 육아서의 저자들은 자연 활동, 바깥 놀이를 많이 해야 오감이 발달하고 아이의 정서적 안정뿐만 아니라 두뇌 발달에도 좋다고 강조했다. 그들은 한결같이 자녀를 '영재' 또는 '전교 1~2등'으로 키우는 가시적인 성과(?)를 냈다. 우리 아이를 행복하면서도 똑똑하게 키우고 싶었던 나에게 '자연 생태 활동'을 강조하는 그들의 육아법이 매력적으로 다가왔다.

생태 수업에서 만난 아이들은 모두 5~7세였다. 선생님은 아이들과 부모들을 인솔하여 흥국사 뒤편의 야산으로 올라갔다. 커다란 나무집을 짓기 위해 나뭇가지를 주워오라는 미션이 아이들에게 주어졌다. 어른들은 아이들이 감당할 수 없는 크기의 커다란 나무 기둥 몇 개만 세워주었을 뿐, 그 외 나무집을 짓기 위한 모든 재료는 아이들이 직접 찾아 나섰다. 초겨울임에도 아이들은 춥다고 투정을 부리기는커녕 눈에 불을 켜고 집을 지을 나뭇가지를 찾아 산비탈 여기저기를 샅샅이 뒤졌다. 적당한 나뭇가지를 발견하면 금광이라도 만난 듯 좋아했다. 자신들이 찾아낸 크고 작은 나뭇가지들을 커다란 나무 기둥 위에 하나둘씩 차곡차곡 세우고, 쌓았다. 빈틈없이 빼곡하게 덮인 나뭇가지 위에 낙엽까지 덮고 나니 그럴싸한 나무집이 완성되었다. 어린아이들 몇 명이 동시에 들어갈 수 있을 만큼 컸다. 아이들은 자기들의 힘으로 집을 지었다는 걸 아주 뿌듯해하며 날다람쥐들처럼 나무집 안과 밖을 수도 없이 들락날락 했다. 아이들의 얼굴에는 기쁨과 자부심이 묻어났다.

아이들이 숲에서 노는 모습을 지켜보며 자연 숲 활동이 아이들에게 얼마나 유익한지 확인할 수 있었다. 한 시간이 넘게 아이들이 한 일이라고는 나뭇가지를 찾고, 쌓는 일뿐이었다. 선생님이나 어른의 특별한 지시나 가르침도 필요 없었다. 위험한 행동에 대해서만 주의를 주고 최대한 개입하지 않았다. 어른들이 시키는 대로, 하라는 대로, 지시에 따라 정해진 절차를 순서대로 밟아 진행하는 놀이에 익숙한 요즘 아이들에게 자연 숲 놀이는 주도성을 회복하는 시간이었다. 아이들은 스스로 자신의 안전을 살폈고, 그 어떤 놀이보다 몰입했고, 세상 누구보다 즐거워했다.

숲속에서의 활동이 끝나고 내려와 실내로 이동했다. 강사가 준비한 그림책을 읽고, 자연물을 이용한 소품을 만드는 시간이었다. 아이들은 실내 활동에는 큰 흥미가 없는지 집중을 하지 못하고 어수선했다. 숲에서의 모습과 딴판이었다. 아이들에게 자연보다 더 좋은 놀이터는 없다는 생각을 하게 된 결정적 계기였다.

아이들이 좋아하는 숲 놀이

식당 놀이

숲에 있는 나뭇잎, 열매, 나뭇가지, 흙, 자갈 등 자연물로 다양한 음식을 만들어 파는 놀이를 한다. 아이들은 자신의 식당 콘셉트에 맞는 음식을 만들기 위해 재료를 직접 찾아오고, 진짜 음식과 비슷하게 흉내 내서 요리를 한다. 엄마들은 손님 역할을 하면서 다양한 음식의 맛을 보기도 하고, 요리법을 묻기도 하고, 가격 흥정을 하기도 한다.

숨바꼭질

공동체 모임을 하면서 가장 자주 했던 놀이 중 하나가 숨바꼭질이다. 집 안과 달리 밀폐된 공간이 없으니 안 들킬 장소를 고르기 위해 아이들이 머리를 많이 쓴다. 아이가 어리면 엄마와 아이가 1조가 되어 함께 숨으면 발견될 때까지 스릴을 느끼며 친밀감을 극대화 할 수 있다.

외나무다리 건너기

숲에서는 쓰러진 통나무를 쉽게 발견할 수 있다. 아이의 한쪽

손을 잡아주면 좌우로 흔들거리며 몸의 균형을 잡으려 노력하면서 통나무 위를 걷는다. 처음부터 끝까지 떨어지지 않고 건너기 등의 도전 과제를 내주면 아이들이 몸의 중심을 잡으려고 좀 더 집중한다.

통나무 기차

통나무를 기차라고 하고 아이들이 기관사와 손님, 승무원이 되어 역할 놀이를 한다. 기적소리도 내고, 승차표를 확인하는 시늉도 하고, 기차 달리는 소리를 흉내 내면서 아이들은 진짜 기차라도 탄 것처럼 즐거워한다.

나뭇잎 가면

떡갈나무처럼 커다란 나뭇잎에 구멍을 내면 간단하게 가면이 만들어진다. 끈을 준비해 얼굴에 고정할 수도 있지만, 손으로 나뭇잎 가면을 잡고 괴물 놀이를 해도 무리 없다. 엄마들이 괴물이라고 하면서 아이들을 살짝 겁주듯 따라가면 낄낄대며 재미있어한다. 아이들이 힘을 합쳐 괴물을 무찌른다면서 엄마들을 마구 공격해올 수 있으니 방심하면 안 된다.

02

숲 놀이 모임에 함께 했다

소아작업치료사인 앤절라 핸스컴은《놀이는 쓸데 있는 짓이다》라는 책에서 바깥 놀이가 실내 놀이보다 아이 사고력을 키우는데 도움이 된다고 말한다. 바깥에서는 제약이 거의 없어 자유로운데다 나무 밑둥, 나뭇가지 등 자연물은 용도가 정해져 있지 않기 때문에 아이들의 상상력을 더 자극한다는 것이다.

마음이 가벼워지고 상쾌해지는 것은 덤이다. 우리가 살고 있는 도시 환경은 소음, 네온사인, 대기오염 등 다양한 외부자극이 존재

하기 때문에 쉽게 주의 피로 상태에 놓이게 된다고 한다. 이 상태가 지속되면 과제 수행 능력과 문제 해결 능력이 저하되고 짜증, 흥분, 분노 등과 같은 부정적 정서를 쉽게 경험할 수밖에 없단다. 이때 필요한 것이 회복 환경restorative environment인데 소모된 주의력을 회복시켜 줄 수 있는 대표적인 장소가 숲과 같은 자연 환경이라고 한다. 환경심리학자인 레이철 캐플런Rachel Kaplan과 스티븐 캐플런Stephen Kaplan이 1989년 책 《The Experience of Nature: A Psychological Perspective》에서 주장했는데, 주의회복이론Attention Restoration Theory이라고 한다.

리처드 루브 역시 《자연에서 멀어진 아이들》에서 여러 논문을 들어 자연의 효과를 설명했다. 자연 속에서 살고 있는 아이들의 특징은 도시에 사는 아이들에 비해 스트레스를 덜 받는다는 것이다.

숲 생태 놀이를 체험하면서 자연 속에서 우리 아이를 키우고 싶다는 열망이 강해졌다. 하지만 아이가 너무 어려서 지도자가 인솔하는 숲 생태 놀이에는 더 이상 참여할 수 없었다. 대신 한 환경시민단체의 숲 놀이 공동체 모임을 소개받았다. 그 공동체 모임은 영아 대상의 꼬마숲동이, 유아 대상의 숲동이, 두 개의 분리된 모둠으로 구분하여 활동했다. 우리 아이는 17개월, 세 살이 되던 해 봄부터 꼬마숲동이에 합류했다. 선생님 없이 엄마와 아이가 함께 하는 공동체 활동을 얼떨결에 시작하게 되었다.

그 환경시민단체에서 제공하는 활동 터전(지금은 없어졌다)은 북한산 둘레길에 있었다. 단독 주택에 넓은 마당과 작은 연못도 있었다. 담장도 없이 온 사방이 뻥 뚫려 이웃과 경계가 없고, 북한산이 멀리 올려다보였다. 빽빽하게 둘러싸인 아파트 숲에서 아이를 키우는 것에 대한 아쉬움이 있었는데 일주일에 두 번, 짧게라도 마당 있는 단독 주택에서 엄마들이 모여 함께 아이를 키우는 마을 육아의 기분을 느껴볼 수 있어 좋았다.

매주 2회 오전 10시가 되면 엄마들은 아이들을 데리고 터전에 모여들었다. 모든 아이들이 도착할 때까지 넓은 마당에서 각자의 관심사에 따라 꽃도 보고, 곤충도 관찰하고, 연못 속 물고기도 찾고, 세발자전거도 타면서 시간을 보냈다.

모두 모이면 터전 바로 앞 북한산 둘레길을 천천히 걸었다. 언제까지 무엇을 해야 한다는 목적이 없는 모임이니 서두를 이유가 없었다. 그날그날 아이들의 관심사와 컨디션에 따랐다. 어떤 날은 고작 300미터 거리를 2시간 동안 다니다가 돌아온 적도 있다. 어른의 생각에는 '말도 안 되는' 일이지만 어린아이들에게는 '당연한' 일이었다. 아이들에게는 눈에 띄는 모든 사물이 발걸음을 멈춰 세우는 탐색의 대상이기 때문이다. 무궁무진한 호기심 덕에 한 걸음 걷고 멈춰 구경하고 노는 일이 끝없이 반복되었다.

가끔 어린이집이나 유치원에서 숲으로 와서 체험활동하는 모습을 보곤 했는데 아이들은 일사불란하게 대열에 맞춰 선생님을 따라가기 바빠 보였고, 선생님은 아이들이 한 명이라도 이탈할까 긴장한 기색이 역력했다.

숲 놀이 공동체 활동 원칙은 아이들의 관심과 흥미를 따라가고, 기다려 주는 것이었다. 한마디로 '느린 육아'를 지향했다. 바쁘게, 빠르게 무엇을 해야 한다는 수행과제가 없었기에 아이들은 자연 속에서 놀잇감을 찾고, 자신들의 상상력을 이용하여 스스로 재미를 만들어낼 수 있었다. 빠르게 걸을 때는 보이지 않던 개미도, 애벌레도, 강아지풀도 신기한 장난감이 되었고, 친구가 되었다.

충분한 숲 놀이를 하고 점심시간이 되면 넓고 평평한 곳에 터를 잡고 각자 준비한 도시락을 펼쳤다. 숲 가운데 우리끼리 함께 하니 안절부절할 일 없이 느긋했다. 아이들이 소리 지르거나 떼쓰고 울어도 누구에게 크게 민폐가 될 일이 없으니 인내심을 발휘할 수 있었다. 여유를 갖고 기다려 주면 아이가 스스로 감정을 추스르는 경우도 많았다. 그 또래 아이들 행동이 크게 다르지 않음을 보면서 위안을 얻기도 했다. 내 아이만 유난스럽게 나를 힘들게 하는 게 아니라 아이들은 다 그렇구나. 문제가 있는 게 아니라 아이다운 거구나 싶었다.

아이가 네 살 때 다른 곳으로 이사를 하면서 기존의 숲 놀이 공동체 모임을 지속할 수 없어서 새로운 모임을 결성했다. 지역 카페에 '이러이러한 취지의 모임을 이러저러한 방식으로 하고 싶은데 함께 할 사람 모여라.' 하는 글을 올리고, 내가 먼저 경험한 것을 모인 사람들과 공유했다. 모임원들이 한 명씩 돌아가면서 모임장을 맡아 날씨에 따라 활동 장소를 정하고, 공지 및 연락을 담당하게 했다. 큰 어려움 없이 일 년간의 활동을 마친 뒤 송년 회식을 하면서 서로에게 마음을 전하는 롤링페이퍼를 썼다. 그때 한 엄마가 나에게 이런 글을 써주었다.

"정말 고맙다. 이 모임이 아니었다면 정신과 치료가 필요했을 정도로 육아를 하면서 심신이 지쳐 있었다. 숲 놀이 공동체 모임이 해방구가 되어 아이를 키우는 기쁨을 느낄 수 있었다."

다른 한 엄마는 아이와 단둘이 집에 있을 때는 수시로 고함을 치고, 윽박지르며 괴물 엄마가 되어 괴로웠다고 했다. 다시는 그러지 않으리라 다짐해도 어느 순간 악을 쓰게 되었고, 나쁜 엄마를 둔 내 아이가 불쌍하다고 자책하며 눈물을 흘리곤 했단다. 그 엄마는 숲 놀이 공동체 모임을 하면서 다른 엄마들이 아이를 대하는 태도에 긍정적인 자극을 받았고, 아이에게 좀 더 다정하게 대할 수 있었다고 고백했다.

내 아이만 유난스럽게 나를 힘들게 하는 게 아니라
아이들은 다 그렇구나. 문제가 있는 게 아니라
아이다운 거구나 싶었다.

수많은 엄마들의 육아 상담을 해온 박재연 코치는《엄마의 말하기 연습》에서 '엄마의 두 얼굴'에 대해 언급했다. 사람이 많은 곳에서는 화를 통제하지만, 아이와 단둘이 있을 때는 폭발하는 엄마들이 상당수라는 것이다. 그런데 공동체 모임을 하면서 이런 모습이 개선되었다는 경험담도 종종 들을 수 있었다. 공동체 모임을 하며 일주일에 몇 시간이라도 좋은 엄마 흉내를 내다보니, 나중에는 흉내가 아니라 그 행동이 자연스러워졌다는 것이다.

공동체 모임 공지를 올리고 사람을 모았던 내 작은 행동이 누군가에게는 절실히 필요했던 도움이 되었다는 사실이 놀라웠다. 나 또한 공동체 모임을 통해 만난 엄마들을 동지 삼아 육아라는 외로운 길에서 지칠 때마다 위로를 얻을 수 있어서 감사했다. 아이들이 유치원에 들어가면서 네 살 때 활동하던 평일 오전 숲 놀이 공동체 모임은 해체했지만, 가끔 그 엄마들이 모이면 그때가 참 좋았다고 그리워한다.

공동체 품앗이 모임

공동체 품앗이 모임에 참여하기 위해서는 다음과 같은 방법을 이용할 수 있다.

1. 뜻이 맞는 지인들과 모임 결성
2. 지역 맘카페에 육아공동체 모임의 취지를 밝히고 참여자 모집
3. 육아공동체 인터넷 카페에 가입('가족 품앗이', '공동 육아 모임' 등의 키워드로 검색하면 다양한 육아 모임 정보를 찾아볼 수 있다. 다음'숲동이놀이터', 네이버 '숲에서크는아이들''까치네놀이마을'등)
4. 지역 건강가족지원센터의 '공동육아나눔터' 이용
5. 한살림, 두레 생협, 자연드림 등과 같은 생활협동조합의 지역별 육아 소모임 가입

공동육아나눔터

공동육아나눔터를 이용하면 장소와 장난감과 도서 대여, 부모 간 정보 교류의 기회 등을 지원받을 수 있다. 공동육아나눔터는 이용자들의 호응에 힘입어 2020년 전국 268개소까지 확대될 예정이다.
복지로 홈페이지(www.bokjiro.go.kr)에 접속한 후 '공동육아나눔터'를 검색하면 상세 정보를 확인할 수 있다. 취학 전후 아동과 부모를 대상으로 하며, 각 지역의 건강가정지원센터(www.familynet.or.kr, 1577-9337)에 문의 후 신청 가능하다.

03

아파트 공동체로 동네 친구를 만들었다

동네 친구가 제일이라고 느낀 건 아이가 세 살 무렵이다.

아이가 생후 17개월, 세 살이 되어 걸음걸이가 자유로워지면서 본격적으로 숲 놀이 공동체 활동을 시작했다. 차로 20~30분 이동하여 북한산을 매주 2회 다녔다. 반나절을 보내고 집에 와서 낮잠을 자고, 조금 있으면 저녁이 되었다. 모임이 없는 날에는 집에서 소소한 놀이와 집안일을 하고, 산책이나 나들이를 했다. 손이 많이 가는 어린아이의 뒤치다꺼리를 하다 보면 하루, 일주일이 금방 갔다. 동네 친구를 사귈 기회가 없었고, 필요성도 크게 느끼지 못한 채 지냈다.

그러다가 같은 아파트에 사는 한 아이 엄마와 친분이 생겼다. 아이들 성별이 같고, 개월 수도 비슷했다. 둘 다 어린이집을 보내지 않고 온종일 엄마가 돌보며 '행복한 아이로 잘 키우는 방법'을 고민한다는 공감대도 있었다. 일주일에 한두 번 정도 만나서 함께 놀았다.

겨우 18개월을 넘긴 아이들은 성향이 안 맞는지 잘 놀다가도 머리를 쥐어뜯거나 육탄전을 벌이는 일이 종종 있었다. 계속 만나게 해야 하나 고민이 생길 무렵 그 엄마가 인원을 늘려 미술 활동 모임을 꾸리자고 제안했다. 그 엄마는 미술을 전공하고 미술 치료를 한 경력이 있어서 아이들과 미술 놀이 하는 것이 부담스럽지 않다고 했다. 아이 둘이 만나는 것보다 여럿이 만나면 서로가 완충작용을 해서 다툼이 줄어들 것이라 기대했다. 안 맞으면 무조건 멀리하고 피하기보다 서로 맞춰가는 연습도 필요하다는 생각에 그 엄마의 제안이 반가웠다. 또래 친구를 만나고 사귈 기회가 귀하기도 했다.

아파트 놀이터에서 알게 된 엄마 4명, 아이들 6명으로 모임이 꾸려졌다. 매주 1회 번갈아가며 서로의 집에 초대해서 함께 어울렸다. 아이들끼리 알아서 자유롭게 놀기도 하고, 엄마가 주도하는 미술 놀이를 하기도 했다. 때론 그림책도 읽어주었다. 가끔은 아이들과 함께 요리를 하기도 했다. 식사 시간이 되면 엄마들이 합심해서 요리하여 점심 식탁을 차렸다. 아이랑 단둘이 먹을 식사 준비나 여러 명의 식사 준비에 드는 수고는 크게 다르지 않다. 어차피 해야 할 일인데 여럿이 도와서 요리하고 뒷정리까지 같이하니 엄마의 수고가 훨씬 줄어들었다. 밥때마다 '언제 만들어 먹이고 치우지?' 하는 부담이 일주일에 한 번은 사라졌다.

아이들도 바로 곁의 친구 집에서 낯익은 친구들 몇 명과 오붓하게 노니 훨씬 안정감이 있었다. 아동발달심리 전문가들은 2~3세의 아이들에게는 친구랑 함께 논다는 개념이 없다고 말하는데, 실제 경험해보니 2~3세 아이들도 놀면서 친구들과 상호작용을 적지 않게 했다. 물론 소 닭 보듯이 서로 데면데면하는 경우도 많지만, 같이 놀이를 하지 않고 이야기를 주고받지 않을 때조차도 아이들은 혼자 있는 것보다 또래 친구와 있는 걸 더 좋아했다. 또래의 존재 자체가 아이들에게는 재미, 기쁨이 된다고 느꼈다.

엄마들도 아이 데리고 멀리까지 차타고 이동하는 수고를 하지 않으니 덜 고단했다. 엄마들은 자기 아이뿐만 아니라 다른 아이들도 돌보았다. 정해진 규칙은 없었지만, 서로가 알아서 배려하니 자연스럽게 품앗이 육아가 되었다. 엄마들이 돌아가며 느긋하게 휴식을 취할 시간이 틈틈이 생겼다.

물론 세 살배기 모임에 완전한 평화는 있을 수 없었다. 서로 다투기도 하고, 고래고래 소리 지르기도 하고, 드러누워 생떼를 쓰기도 했다. 그래도 충분히, 기분 좋게 감당할 만했다. 엄마 혼자라면 벽차고 화가 날 상황도 다른 세 명의 엄마들과 도움을 주고받으면 대수롭지 않게 여겨졌다. 육아가 할 만하게 느껴졌다.

아파트 모임은 주로 집 안에서 이루어졌지만, 날이 좋을 때는 아파트 바로 뒤에 있는 공원으로 갔다. 잔디밭이나 정자에 돗자리 펴고, 미술 놀이, 찰흙 놀이를 했다. 작은 약수터가 있어서 넘치는 물로 여름에는 물놀이도 했다. 아이들이 실컷 놀고 나서 배가 고플 즈음이면 각자 준비해온 반찬과 간식거리를 펼쳐놓고 나누어 먹었다. 보여주고 자랑하기 위한 예쁘고 멋진 도시락이 아니라 집에서 평소처럼 반찬 할 때 넉넉하게 만들었다가 싸 오는 것이니 준비하는 부담도 없었다.

북한산에서 하던 숲 놀이 공동체 모임은 아이들 놀이와 엄마의 시간이 분리된 느낌이었다. 엄마들은 '어른'과의 대화 갈증을 해소하기 위해 집에서 2차 모임을 하고는 했다. 하지만 동네 모임은 아이들의 놀이와 엄마들의 담소 시간이 절묘하게 어우러졌다. 인원이 많지 않으니 집 안에서 모여도 답답한 느낌이 들지 않았다. 바같이 아니라 한정된 실내 공간에서 아이들이 노니 위험요소가 많지 않았다. 엄마가 일대일로 아이를 따라다닐 필요가 없으니 그만큼 여유가 생겼다. 엄마는 엄마대로 즐겁고, 아이들은 아이들대로 신나했다. 누가 누구를 위해 희생하지 않아도 되었다.

한편 숲 활동 공동체 모임은 숲이 주는 자연 치유 효과 덕에 아이들과 엄마들의 스트레스 완화에 도움이 되었다. 집 안에 널려있는 장난감이 없으니 아이들이 자연물을 이용해 나름의 창의성을 발휘하기도 하고, 생태 감수성도 높아졌다. 동네 아파트 모임과 숲 활동 모임, 서로 다른 성격의 공동체 모임을 병행하니 서로 보완이 되어서 좋았다.

동네 모임에서 매월 1회는 문화 나들이를 했다. 박물관, 동물원, 체험전 등에 가면 엄마와 아이가 일 대 일로 밀착해서 좀 더 깊이 있게 세상을 탐색할 기회가 마련되었다. 겨우 네 명의 엄마들이었지만 한 명은 문화 체험을 맡고, 한 명은 미술 놀이를 맡으니 모임이 알차게 진행되었다. 네 가족 중 두 가족은 형제가 둘이라서 때로는 아이들 여섯 명이 함께 했다. 형제가 없는 나머지 두 아이들에게는 누나, 형을 만나서 어울릴 수 있는 절호의 기회였다. 겨우 네 가족이 함께한 소박한 모임이었지만 어린이집 부럽지 않을 만큼 다채로운 경험을 할 수 있었다.

아이를 온종일 돌본 사람들은 알 것이다. 어린아이를 돌보는 일이 얼마나 중노동인지. 아이를 기르는 책임이 오롯이 엄마에게만 요구될 때 그 중압감, 심리적인 외로움, 육체적 고단함이 엄마의 마음을 피폐하게 한다. 품앗이 모임은 엄마에게는 숨통이 트는 일이었다. 처음에는 좀 낯설고 어색하더라도 자신의 육아관, 가치관, 교육관이 비슷한 사람들과 연대를 맺으니 장점이 많았다. 육아도 즐거울 수 있었다. 아이만 행복한 것이 아니라 엄마도 웃을 일이 많았다. "백지장도 맞들면 낫다"라는 말처럼 육아하는 수고스러움이 반으로 줄고, 할 만해졌다. 마음에 여유가 생기니 아이에게 좀 더 부드럽게 대할 수 있었고 아이의 말에 조금 더 귀를 기울일 수 있었다. 아이가 친구들과 어울려 웃고 떠드는 모습을 보면 없던 힘도 불끈 솟았다.

04

먼 나들이 모임에서 세상을 함께 탐구했다

아이가 세 살 때부터 가까운 곳으로 종종 나들이를 다녔다. 네 살이 되고부터는 한 주에 한 번 이상 먼 곳으로 나들이를 떠났다. 바쁘게 다니는 나를 두고 먼저 아이를 키운 친구들은 "어릴 때 그렇게 힘들게 데리고 다녀봐야 나중에 하나도 기억하지 못 한다."고 말했다. 과연 그럴까.

뇌과학자인 김대식 교수는 《당신의 뇌, 미래의 뇌》에서 뇌세포의 연결성을 대한민국 지도에 비유한다. 태어날 때는 굵직한 고속도로 정도만 가지고 세상에 나오고, 아직 자잘한 길은 만들어지지 않은 상태라고 설명한다. 살아가면서 경험을 통해 세포 간의 연결성이 커지고, 자잘한 길이 만들어지는데 그것이 창의력을 만드는 방법이라는 것이다. 다양한 경험은 아이 뇌의 연결성을 발달시키고, 그것이 창의성의 기반이 된다는 설명이다.

나는 아이에게 되도록 많은 경험을 선물하고 싶었다. 그래서 숲 활동이 없는 다른 평일에는 뭘 할까 고민하다가 정기적인 먼 나들이 모임을 떠올렸다. 아이와 단둘이 가는 것도 좋지만, 매번 둘만의 나들이는 아무래도 심심할 것 같았다. 또 둘만의 나들이 계획은 게으름이라는 복병을 만나 흐지부지되기 십상이었다. 어린아이일수록 안아주고, 업어주고, 놀아주고, 재워야 해서 품이 많이 들었다. 그러면서 집안일까지 해야 하니 집에 있을 때는 틈만 나면 눕고 싶은 유혹을 느꼈다. 그래서 모임을 만들어 억지로라도 움직일 수밖에 없는 환경을 조성하자 싶었다.

내가 사는 곳은 공원과 도서관은 많지만, 문화시설은 부족한 편이었다. 그래서 '문화 나들이' 콘셉트로 주 1회 먼 나들이 모임을 만들었다. 기존 숲 체험 품앗이 모임 멤버 중 희망자를 받았다. 평소 모임하면서 돈독해진 관계라 먼 나들이를 함께 가기에 최상의 구성원이었다. 아이가 아프거나 이런저런 사정이 생겨서 불참하는 경우가 많아 보통은 서너 명의 엄마들이 참여했다.

문화 나들이는 주로 박물관, 미술관, 과학관, 전시관, 동물원, 체험전 등을 다녔다. 대개 대중교통으로 다녔는데 주차 걱정도 할 필요 없고, 함께 이동하니 서로를 기다리거나 찾아 헤매는 번거로움이 없었다.

무엇보다 아이들이 나들이를 좋아했다. 몇 밤을 더 자야 먼 나들이 가는 날인지 매일 물어볼 정도로 손꼽아 기다렸다. 아이들은 낯선 경험 앞에서도 멈칫하지 않았다. 때로는 지적 호기심을 발산하기도 하고, 때로는 모험을 시도하면서 새로운 경험을 즐겼다. 또래 친구들과 함께 한 덕분인지 평소 부끄러움이 많은 우리 아이도 새로운 장소, 새로운 사람, 새로운 경험에 겁을 내지 않고 뛰어들었다. 반짝반짝 눈을 빛내는 아이들을 보면서 함께 나들이하길 참 잘했다는 생각이 들었다.

적지 않은 나들이를 했는데, 그 경험이 우리 아이에게 어떤 영향을 미쳤는지 실감한 때가 있었다. 어느 날 유치원 선생님이 "도윤이는 책만 많이 읽은 아이들과는 참 달라요."라고 이야기했다. 아이들에게 교통 수단을 가르치고, 기차를 그려보라고 하면 대부분의 아이들은 기차만 그린다고 했다. 그런데 우리 아이는 기차와 철로, 철로에 깔린 자갈까지 모두 묘사한다는 것이다. 책을 읽고 단편적인 지식을 기억하여 알고 말하는 것이 아니라 실제 경험이 접

목된 통합적 앎을 표현한다는 것이다. 그 말을 들으며 몇 년 동안 지속한 먼 나들이 경험이 알게 모르게 아이의 사고에 영향을 주고 있다는 생각이 들었다.

일 년 내내 무더운 아프리카에 사는 아이는 책에서 추운 겨울 내리는 눈에 대한 설명을 아무리 읽어도 진짜 눈을 생생하게 떠올리기 어렵다. 눈을 맞아본 적도, 만져본 적도 없기 때문에 '눈'은 아프리카 아이에게 막연하고, 추상적인 대상일 뿐이다. 하지만 단 한 번만이라도 진짜 눈을 만져본 아이라면 '눈'이라는 글자를 읽을 때 미세하게라도 오감이 반응할 것이다.

10년이 넘게 다양한 체험학습을 이끈 허경숙 작가는《내 아이의 체험학습》에서 많은 엄마들이 체험학습의 효과로 사회성, 모험심이 발달하고 지적 호기심이 커진 점 등을 손꼽았다고 전한다.

흔히 배경지식이 많을수록 책에 대한 이해가 깊고, 사고력과 논리력 향상을 촉진하는 데 도움이 된다고 말한다. 배경지식을 쌓는 가장 쉽고 빠른 방법은 많은 책을 읽는 것이지만 실제 삶에서 익힌 지식만큼 단단한 배경지식은 없다. 오감을 열고 세상을 누비는 것만큼 소중한 경험이 또 있을까.

05

책·놀이·밥 모임으로 따로 또 같이

아동심리 전문가들은 어린아이에게 놀이는 좋은 정도가 아니라 꼭 필요하다고 강조한다. 놀이는 뇌 발달을 촉진하고, 사회성을 키워준다. 그래서 잘 놀아본 아이가 공부도 잘한다고 한다. 특히 정형화된 장난감이 아니라 친구들과 함께 규칙을 만들어나가며 협동하는 놀이가 아이 발달에 제격이라고 한다. 정신분석가 이승욱은 저서《천 일의 눈맞춤》에서 놀이는 아이들의 심리적 면역력을 길러준다며, 아이 스스로 규칙을 만드는 것이 놀이의 기본이라고 밝혔다.

전문가들의 말처럼 우리 아이를 '잘 노는' 아이로 키우고 싶었지만, 현실은 녹록하지 않았다. 옛날에는 대문을 열고 나가면 바로 또래 친구를 만나 놀 수 있는 환경이었다지만, 지금은 아이가 문화센터나 학원, 태권도장에나 가야 친구를 만날 수 있다. 대여섯 살만 되어도 유치원 하원 후 셔틀버스를 타고 이 학원, 저 학원 다니는 게 흔한 풍경이 되었다. 문화센터나 학원, 태권도장에서 친구와 만나는 게 집에서 엄마와 단둘이 단조롭게 지내는 것보다는 나은 선택일 수 있겠지만, 그보다는 자유로운 환경에서 마음껏 뛰놀게 하고 싶었다.

궁리 끝에 아이가 여섯 살 때 '책·놀이·밥 품앗이 모임'을 새로 만들었다. 아이들 스스로 놀이를 만들고, 규칙을 세우고, 함께 조율하며 놀 수 있는 환경을 만들어 줄 작정이었다. 말 그대로 함께 책을 읽고, 놀이를 하고, 밥을 먹는 모임으로, 기존에 있던 품앗이 활동에 엄마들의 관심사인 책 육아 활동을 더했다.

모임에는 다섯 가구가 참여했다. 아이들이 유치원에서 하원 하면 오후 3시에 도서관에서 만났다. 10분 거리에 있는 5곳의 도서관을 옮겨 다니며 변화를 주곤 했다. 엄마들이 돌아가며 아이에게 책을 읽어주었는데, 그동안 다른 엄마들은 자신이 평소 읽고 싶던 책을 읽기도 하고, 자유롭게 쉬기도 했다. 아이들도 엄마와 단둘이 읽는 것보다 친구들과 함께 책 읽는 걸 놀이라도 되는 것처럼 좋아했다. 평소 엄마와 책을 읽지 않았던 아이들도 시간이 흐를수록 차분히 독서에 참여했다.

1시간쯤 책을 읽어주고 난 뒤에는 공원이나 놀이터에서 아이들에게 자유롭게 노는 시간을 주었다. 아이들이 노는 동안 엄마들은 담소를 나눴다. 1시간~1시간 30분 놀다 보면 식사 때가 되었고, 모임장(매 모임마다 교대) 집으로 이동해 저녁을 함께 먹었다. 모임장은 밥과 국을 준비하고 나머지 모임 구성원들이 각자 반찬 한 가지씩을 넉넉하게 준비해 상을 차렸다. 엄마들이 밥상을 차리는 동안 아이들은 집 안에서 놀았다.

밥을 먹고 나면 엄마표 놀이(매주 한 명이 돌아가며 엄마표 놀이를 준비했다)를 20~30분 정도 함께 했다. 아이들끼리 알아서 노는 것도 좋지만, 아이들이 생각해내지 못하는 엄마표 놀이는 아이들의 창의력을 자극하는 촉진제 역할을 했다. 엄마들도 아이들과 함께 어울려 웃고 떠들면서 동심으로 돌아간 듯 즐거워했다. 이렇게 4시간 정도 알차게 시간을 보내면 설거지와 뒷정리를 함께 하고 헤어졌다.

품앗이 모임을 하면서 이보다 더 좋을 수 없다는 생각이 들었다. 자유롭게 뛰놀고, 책도 읽으며, 친구 집에서 다른 가족의 문화와

생활도 체험한다. 아이에게 유익한 모든 것이 응축된 영양만점 모임이면서 엄마에게도 숨 쉴 수 있는 시간이 되었다.

집에서 아이와 밥을 먹을 때는 음식이 코로 들어가는지 입으로 들어가는지 생각할 겨를이 없었다. 아이의 식사를 도와 주고 밀린 집안일을 하려면 후다닥 먹어 치워야 했다. 설거지며 뒷정리도 혼자 하다보면 도무지 쉴 시간이 주어지지 않았다. 품앗이 모임에서는 돌아가면서 책을 읽고, 밥과 놀이를 준비하다 보니 무엇보다 여유로웠다. 맛을 음미하며 여유롭게 밥을 먹을 수 있었고, 이런저런 수다와 고민도 나누면서 육아로 쌓인 고단함을 씻었다.

책·놀이·밥 모임에 대한 만족감은 아주 컸다. 예전에는 한 마을이 밥과 놀이 공동체였기 때문에 아이 키우는 게 지금보다 스트레스가 크지 않았다고 하는데, 실제 품앗이 모임을 통해 공동 육아의 이점을 체감했다.

낯선 사람들과 품앗이 모임을 시작할 때 부담스럽고 어색한 마음이 드는 건 어쩔 수 없다. 하지만 아이를 키우는 사람들끼리는 아이라는 확실한 교집합이 있어서 말이 쉽게 통한다. 특히 자신의 육아관, 가치관, 교육관이 비슷한 사람들과 연대를 맺으면 아이만 행복한 것이 아니라 엄마도 웃을 일이 많다. 육아하는 수고스러움이 반으로 줄고, 육아가 제법 할 만해진다.

실천하기

유아숲체험원

최근 몇 년 사이 숲 활동이 아이들의 신체, 정신 건강에 좋다는 인식이 널리 퍼지면서 유아숲체험원도 많이 생겨났다. 다음은 산림청 홈페이지에 게시된 전국 유아숲체험원 목록이다.

서울		
대모산 유아숲체험원	서울 강남구 일원동 436-6	02-3423-6283
일자산 유아숲체험원	서울 강동구 둔촌동 산 102-4	02-3425-6444
명일공원 유아숲체험원	서울 강동구 상일동 산 26-2	02-3425-6444
북한산 유아숲체험원	서울 강북구 미아동 산 108-19	02-901-6935
꿩고개공원 유아숲체험원	서울 강서구 방화동 산 136-6	02-2600-4112
관악산도시자연공원	서울 관악구 봉천동 산 25일대(낙성대지구)	02-879-6524
관악산도시자연공원	서울 관악구 미성동 산 117-1(선우지구)	02-879-6524
온수도시자연공원	서울 구로구 개봉동 45-2(잣절지구)	02-860-3084
영축산 유아숲체험원	서울 노원구 월계동 산 130	02-820-1395
답십리공원 유아숲체험원	서울 동대문구 답십리동 41-1	02-2127-4775
현충공원 유아숲체험원	서울 동작구 상도동 산 49-36	02-820-1395
백련공원 유아숲체험원	서울 서대문구 홍은2동 산 19-19	02-3140-8383
방배공원 유아숲체험원	서울 서초구 방배동 산 44	02-2155-6873
응봉공원(매봉산) 유아숲체험원	서울 성동구 옥수동 436-9	02-2286-5656
계남공원 유아숲체험원	서울 양천구 신정3동 621	02-2620-3586
온수도시자연공원(신월지구)	서울 양천구 신월동 331-5	02-2620-3576

봉화산공원 유아숲체험원	서울 중랑구 묵동 산 41-11	02-2094-2385
강원		
소나무누리 유아숲체험원	강원 강릉시 성산면 어흘리 산 1-1	033-660-7725
경포솔내음 유아숲체험원	강원 강릉시 안현동 산 82	033-660-7725
고성산 유아숲체험원	강원 고성군 간성읍 탑동리 산 72-1	033-670-3062
소똥령 유아숲체험원	강원 고성군 간성읍 장신리 산 150	033-680-3382
삼척동자 유아숲체험원	강원도 삼척시 미로면 하사전리 산 43	033-570-5233
배꼽 유아숲체험원	강원 양구 상리 산 27	033-480-8533
어성전 유아숲체험원	강원 양양군 현북면 어성전리 산 2	033-670-3062
태화산 유아숲체험원	강원 영월군 영월읍 팔괴리 산 30외1	033-371-8134
갯골 유아숲체험원	강원 인제군 인제읍 남북리 산 15-1	033-460-8042
단곡 유아숲체험원	강원 정선군 신동읍 방제리 산 87-155	033-560-5533
두루웰 유아숲체험원	강원 철원군 갈말읍 지경리 산 5	033-450-4876
두드림 유아숲체험원	강원 춘천시 신북읍 유포리 산 55-11	033-240-8924
다락 유아숲체험원	강원 춘천시 삼천동 산 3-1	033-250-4252
연화산 유아숲체험원	강원 태백시 백산동 산 53	033-550-9932
대관령 유아숲체험원	강원 평창군 대관령면 횡계리 71-1	033-330-4037
가리산 유아숲체험원	강원 홍천군 화천면 풍천리 산 77	033-439-5544
반비 유아숲체험원	강원 홍천군 북방면 생태공원길 319	033-248-6570
삼마치 유아숲체험원	강원 홍천군 홍천읍 삼마치리 산 47-9	033-439-5544
초원리 화백나무 유아숲체험원	강원 횡성군 공근면 초원리 산 1	033-439-5544
횡성 유아숲체험원	강원 횡성군 횡성읍 읍하리 40	033-340-2415
경기		
잣향기푸른숲 유아숲체험원	경기 가평군 상면 축령로 289-146	031-8008-6763
안곡습지공원 유아숲체험원	경기 고양시 일산동구 중산동 1712	031-8075-4388

오금동 유아숲체험원	경기 고양시 덕양구 오금동 산 91-1	02-3299-4563
과천문원 유아숲체험원	경기 과천시 문원동 산 57-1	02-3677-2343
선바위 유아숲체험원	경기 과천시 과천동 산 83외	031-240-8924
모담산 유아숲체험원	경기 김포시 운양동 1325-1	031-980-5986
통진 유아숲체험원	경기 김포시 통진읍 마송리 501	031-980-5986
화도 유아숲체험원	경기 남양주시 화도읍 마석우리 551	031-590-4747
배양리 유아숲체험원	경기 남양주시 진건읍 배양리 산 82-1	02-3299-4563
산성공원 유아숲체험원	경기 성남시 중원구 은행동 77	031-729-4303
다람쥐 유아숲체험원	경기 수원시 권선구 당수동 산 30-1 외	031-228-4549
옥구공원 유아숲체험원	경기 시흥시 정왕동 2138	031-310-2343
영모재 유아숲체험원	경기 시흥시 능곡동 617	031-310-2343
부곡동 산림욕장 유아숲체험원	경기 안산시 상록구 부곡동 산 5-1	031-481-2406
맞춤랜드 유아숲체험원	경기 안성시 보개면 복평리 303-1	031-678-2743
안양 유아숲체험원	경기 안양시 동안구 관양동 1776-5 외	031-8045-2419
불곡산 도토리 유아숲체험원	경기 양주시 유양동 산 33-1	031-8082-6202
회암사지 유아숲체험원	경기 양주시 호암동 산 21	031-8082-6202
양평 유아숲체험원	경기 양평군 양평읍 쉬자파크길 193	031-8082-6202
황학산 유아숲체험원	경기 여주시 황학산수목원길 73	031-887-2741
은대근린공원 유아숲체험원	경기 연천군 전곡읍 은대리 573	031-839-2346
고인돌 유아숲체험원	경기 오산시 금암동 수목원로 449	031-8036-7632
잣나무 유아숲체험원	경기 용인시 처인구 포곡읍 금어리 92-1	031-240-8924
번암 유아숲체험원	경기 용인시 처인구 역북동 733	031-324-3185
한숲 유아숲체험원	경기 용인시 기흥구 중동 862	031-324-3185
보라 유아숲체험원	경기 용인시 기흥구 공세동 673	031-324-3185
정암 유아숲체험원	경기 용인시 수지구 상현동 1139	031-324-3185

소실봉 유아숲체험원	경기 용인시 수지구 상현동 1198	031-324-3185
천보산 유아숲체험원	경기 의정부시 금오동 산 31-1	02-3299-4563
청사초롱 유아숲체험원	경기 의정부시 신곡동 797	031-828-2343
오목문화 유아숲체험원	경기 의정부시 민락동 696-1	031-828-2343
이천시 유아숲체험원	경기 이천시 모가면 어농리 871-5	031-645-3834
율곡수목원 유아숲체험원	경기 파주시 파평면 율곡리 산 5-1	031-940-4633
덕동산 유아숲체험원	경기 평택시 비전동 산 84-14	031-8024-4212
태봉산 유아숲체험원	경기 포천시 소흘읍 송우리 726-4	031-538-3342
인천		
인천수목원 유아숲체험원	인천 남동구 장수동 272	032-440-5880
청량산 유아숲체험원	인천 연수구 청학동 산 55-4	02-3299-4563
대전		
대청공원 유아숲체험원	대전 대덕구 미호동 43	042-608-5382
만인산 유아숲체험원	대전 동구 하소동 산 47	042-270-5583
학의숲 유아숲험원	대전 유성구 계산동 산 19-1	042-270-5583
구암동 유아숲체험원	대전 유성구 구암동 산 21-44	041-830-5043
세종		
파랑새 유아숲체험원	세종시 연기면 세종리 659-30	044-868-4192
전월산 유아숲체험원	세종시 연기면 세종리 92	044-868-4192
충북		
도담 유아숲체험원	충북 단양군 단양읍 도담리 산 4-29	043-420-0342
솔솔솔다람쥐숲 유아숲체험원	충북 제천시 고암동 산 117	043-420-0342
별천지 유아숲체험원	충북 증평군 증평읍 율리 521~537	043-835-4554
용정 유아숲체험원	충북 청주시 상당구 용정동 241-2	043-540-7074
구룡 유아숲체험원	충북 청주시 서원구 성화동 80-5	043-540-7074

상당산성 유아숲체험원	충북 청주시 청원구 내수읍 덕암2길 162	043-216-0052
심항산 유아숲체험원	충북 충주시 종민동 산 71	043-850-0335
유아숲체험원	충북 충주시 목벌동 산 20-1	043-850-0335
충남		
공주산림휴양마을 유아숲체험원	충남 공주시 금학동 산 54-2	041-840-2574
양촌 유아숲체험원	충남 논산시 양촌면 남산리 산 11	041-746-6152
부여 유아숲체험원	충남 부여군 규암면 외리 195-10외	041-830-5046
용현 유아숲체험원	충남 서산시 운산면 용현리	041-664-1978
서산시 유아숲체험원(가칭)	충남 서산시 읍내동 산 5-1	041-660-2109
남산 유아숲체험원	충남 아산시 방축동 5, 5-11	041-540-2918
태학산 유아숲체험원	충남 천안시 동남구 풍세면 삼태리 산 28-1	041-529-5109
전북		
통매산 유아숲체험원	전북 군산시 조촌동 237-11 외	063-570-1933
춘향골 유아숲체험원	전북 남원시 산동면 요천로 2311	063-620-4642
백두대간 유아숲체험원	전북 남원시 운봉읍 공안리 산 32-1	063-620-5752
덕유산 유아숲체험원	전북 무주군 무풍면 삼거리 산 43-1	063-320-3645
서림공원 유아숲체험원	전북 부안군 부안읍 서외리 산 1-1	063-580-4642
대아수목원 유아숲체험원	전북 완주군 동상면 대아리 산 1-2	063-243-1951
서동공원 유아숲체험원	전북 익산시 금마면 동고도리 534-2 외	063-859-5468
웅포 곰돌이 유아숲체험원	전북 익산시 웅포면 입점리 48-5 외	063-859-5887
완산칠봉 유아숲체험원	전북 전주시 효자동1가 산 164-2 외	063-570-1933
모악산 유아숲체험원	전북 전주시 완산구 용복동 508-1 외	063-229-1000
혁신도시 유아숲체험원	전북 전주시 완산구 중동 834	063-281-2512
광주		
경암근린공원 유아숲체험원	광주 광산구 하남대로54번안길 133	062-960-8679

생태공원 유아숲체험원	광주 광산구 신창로105번길 23-17	062-960-8679
송산물빛 유아숲체험원	광주 광산구 지평동 산 27	061-470-5342
무양공원 유아숲체험원	광주 광산구 산월로21번길 42	062-960-8679
사직공원 유아숲체험원	광주 남구 사동 177	062-613-6467
풀빛공원 유아숲체험원	광주 남구 노대동 727	062-607-3840
제봉산 유아숲체험원	광주 남구 압촌동 산 14 외	062-607-3840
문화근린공원 유아숲체험원	광주 북구 문흥동 1009-1	062-410-6451
5·18유아숲체험원	광주 서구 내방로 152	062-613-7921
금당산 유아숲체험원	광주 서구 풍암동 산 95-45	062-360-7899
팔학산 유아숲체험원	광주 서구 서창동 산 59	062-360-7899
유적근린공원 유아숲체험원	광주 서구 천변우하로 469	062-360-7899
전남		
보은산 유아숲체험원	전남 강진군 강진읍 남성리 산 1-4, 1-17	061-430-3282
섬진강도깨비마을	전남 곡성군 고달면 호곡2길 119-99	061-363-2953
곡성군 청계동 유아숲체험원	전남 곡성군 곡성읍 신기리 산 159-1	061-360-8337
배꽃향기 유아숲체험원	전남 나주시 남평읍 풍림리 산 50-1	061-470-5342
빛가람 유아숲체험원	전남 나주시 빛가람동 346-1	061-339-7215
양을산 유아숲체험원	전남 목포시 상동 산 34-3	061-270-8344
대죽도 유아숲체험원	전남 무안군 삼향읍 남악리 2286	061-450-5579
제암산 유아숲체험원	전남 보성군 웅치면 대산리 산 113-1	061-850-8701
봉화산 유아숲체험원	전남 순천시 용당동 산 59-1	061-740-9334
순천자연휴양림 유아숲체험원	전남 순천시 서면 운평리 산 160	061-749-8950
여수 유아숲체험원	전남 여수시 소라면 현천리 979	061-659-4609
우드랜드 유아숲체험원	전남 장흥군 장흥읍 우드랜드길 180	061-860-0402
방장산 유아숲체험원	전남 장성군 북이면 죽청리 산 70-1	061-394-5523

알프스 유아숲체험원	전남 화순군 화순읍 유천리 산 24	061-740-9333
한천자연휴양림 유아숲체험원	전남 화순군 한천면 오음리 산 1-1	061-379-3732
대구		
앞산고산골 유아숲체험원	대구 남구 봉덕동 산 155-1	053-803-7458
두류공원 유아숲체험원	대구 달서구 두류동 산 309-2	053-803-7506
화원자연휴양림 유아숲체험원	대구 달성군 화원읍 본리리 산 129	053-668-3765
운암지 유아숲체험원	대구 북구 구암동 385 외	053-665-4305
무학 유아숲체험원	대구 수성구 황금동 산 111-1	053-803-4404
경북		
삼성현 유아숲체험원	경북 경산시 남산면 상대로 883-30	053-810-5221
비호동산 유아숲체험원	경북경산시 진량읍 내리리 산 13-1	053-810-5221
화랑 유아숲체험원	경북 경주시 통일로 367	054-778-3821
금오산 유아숲체험원	경북 구미시 남통동 산33	054-712-4143
에코랜드 유아숲체험원	경북 구미시 산동면 인덕리 산 5-1	054-480-5883
천생산성 유아숲체험원	경북 구미시 인의동 산 27	054-480-5883
불정 유아숲체험원	경북 문경시 불정동 산 71-1	054-550-6320
봉화 유아숲체험원	경북 봉화군 봉화읍 유곡리 산 127-1	054-679-6383
계명산 유아숲체험원	경북 안동시 길안면 고란리 산 11-1	054-840-6453
천년숲 유아숲체험원	경북 안동시 풍천면 갈전리 253	054-840-6453
까투리 유아숲체험원	경북 안동시 일직면 용각리 산 103	054-630-4034
수비솔솔 유아숲체험원	경북 영양군 수비면 신원리 산 26	054-730-8154
아지동 너랑나랑 유아숲체험원	경북 영주시 아지동 산 17	054-639-6874
흑응산성 참참참 유아숲체험원	경북 예천군 예천읍 노상리 산 3-1	054-630-4034
울진 유아숲체험원	경북 울진군 울진읍 읍내리 263	054-781-1202
구봉산 유아숲체험원	경북 의성군 의성읍 원당리 산 1-1	054-830-6922

장난끼 유아숲체험원	경북 청송군 부남면 대전리 산 69-1외	054-870-6323
호이 유아숲체험원	경북 칠곡군 기산면 봉산리 산 159	054-979-6502
도음산 유아숲체험원	경북 포항시 북구 흥해읍 학천리 산 32-1	054-270-3253
경상북도수목원 유아숲체험원	경북 포항시 죽장면 수목원로 647, 2-47	054-260-6163
포항솔바람 유아숲체험원	경북 포항시 북구 장성동 산 92-1외	054-730-8151
경남		
대운산 유아숲체험원	경남 양산시 탑골길 208-124	055-392-2894
가촌 유아숲체험원	경남 양산시 가촌리 1312-4	055-392-2894
춘추 유아숲체험원	경남 양산시 교동 157-42 외	055-392-2894
꿈마당 유아숲체험원	경남 창원시 마산회원구 내서읍 송평로 365-334	055-232-2346
진해 유아숲체험원	경남 창원시 진해구 자은동 산 1-28	055-370-2752
미륵산 유아숲체험원	경남 통영시 도남동 산 107	055-960-2532
지리산 유아숲체험원	경남 함양군 죽림리 산 364	055-232-2346
울산		
녹수 유아숲체험원	울산 동구 서부동 산 135-6	055-370-2752
부산		
개금 테마공원 유아숲체험원	부산 부산진구 개금동 56	051-605-4544
모라 유아숲체험원	부산 사상구 모라동 33	051-310-4541
사상공원 유아숲체험원	부산 사상구 감전동 38	051-310-4524
구덕산 유아숲체험원	부산 서구 서대신동3가 산 12-15 외	051-240-4541
장산 유아숲체험원	부산 해운대구 좌동 산 1-44	055-370-2752
제주		
푸리롱 유아숲체험원	제주 서귀포시 대포동 산 1-8	064-738-4544
절물휴양림 유아숲체험원	제주 제주시 봉개동 산 78-1	064-728-1510
한라생태숲 유아숲체험원	제주 제주시 용강동 산 14-1	064-710-8683

8장

책을 읽어야 공부머리가 자란다고 해서

01

한글 언제, 어떻게 가르쳐야 할까

아이를 키우는 엄마들이 공통으로 하는 고민이 있다. '한글 교육을 언제 어떻게 해야 하나?'도 그중 하나다. 아이가 몇 살에 한글을 떼었는가가 아이의 지능이나 발달을 판가름하는 척도처럼 여겨지기에 한글을 아직 깨치지 못한 아이의 엄마는 쫓기는 것처럼 초조해하기도 한다.

몇 살에 한글을 떼었는가가 정말 중요할까? 엄마들이 아이가 빨리 한글을 떼게 하고 싶은 가장 큰 이유는 책을 좀 더 빨리, 좀 더 많이 읽히고 싶은 마음 때문이다. 하지만 독서전문가인 고영성은 그의 책《부모 공부》에서 우샤 고스와미Usha Goswami의 연구를 소개하며 독서를 서두를 필요가 없다고 말한다. 대체로 5세보다 7세에 독서를 시작한 아이들의 독서 능력이 더 뛰어나다는 이유다. 뇌에는 전기적 신호가 신경섬유를 따라 빠르게 흐르도록 돕는 미엘린Myelin이라는 지방 성분이 있는데 뇌의 영역마다 성숙하는 속도가 다르다고 한다. 독서를 위한 주요 뇌 부위들이 7세가 지나야 미엘린화된다는 것이다.

핀란드, 독일, 영국, 이스라엘 등에서는 정부 차원에서 초등학교 입학 전 글자 교육을 법으로 규제한다. 문자를 빨리 깨치면 아이들이 글자를 읽는 데 급급해 그림을 보지 않는다는 이유다. 문자는 말로 사고를 국한하지만 그림은 아이의 상상력을 자극한다. 독서 지도에 관한 어떤 책에서는 상상력과 창의력은 4차산업혁명 시대에 꼭 필요한 능력이므로 아이에게 한글을 최대한 늦게 가르치라고 주장하기도 한다.

나는 한글 교육을 일찍 할 필요가 없다고 생각해왔다. 그런데도 가끔 지인 자녀가 네 살에 한글을 떼었다는 등의 이야기를 들으면 조바심이 생기기도 하고, 5~6세부터 읽기 독립을 해야 한다는 책을 보면 내가 잘못하고 있는 건가 싶기도 했다.

아이가 한글에 호기심을 보인 것은 다섯 살부터였다. 그림책을 볼 때마다 "이거 무슨 글자야?"라고 묻기 시작했다. 아이의 물음에 대답은 해주었지만 한글 공부를 시키지는 않았다. 대신 '일상이 놀이'라는 생각으로 책 제목을 활용한 한글 놀이를 가볍게 시작했다. 하루에 3~5분 정도밖에 걸리지 않으니 2~3년 꾸준히 하다 보면 자연스럽게 한글을 익힐 거라고 생각했다.

책을 읽기 전 책 제목을 한 글자씩 손가락으로 짚어가며 아이가 좋아하는 단어를 연상시켰다. 예를 들어 《은지와 푹신이》라는 책을 읽어준다면 '은'을 가리키고, 아이와 친한 친구 이름을 말했다. "은우할 때 '은'이네. '은'으로 시작하는 말이 뭐가 있지? 서로 말해볼까?" 같은 식으로 '지'를 가리키며 '지'로 시작하는 단어를 물어보면 아이는 눈을 반짝이며 대답했다. "지하철!"

제목만 가지고 이런 식으로 간단한 단어 연상을 하는 데는 몇 분이 채 걸리지 않는다. 가볍게 지나가지만, 하루하루 반복할수록 아이는 글자를 기억했고 어쩌다 아는 글자를 찾으면 몹시 반가워했다. 아는 글자가 어느 정도 생기고 나면 그다음부터는 글자에서 획을 손가락으로 가리고 물어보았다.

'당'에서 'ㅇ'을 가리고 "이건 무슨 글자일까?"라고 물으면 아이는 '다'라고 대답했다. 이번에는 받침을 가린 손을 치우면서 "이렇게 하면 당이야. 당이 들어간 말은 뭐가 있을까?" 물으면, 아이는 당근, 당나귀 등 자기가 아는 단어를 신나게 이야기했다.

여섯 살이 되면서 '한글'에 대한 아이의 관심은 날로 커졌다. 한글 공부를 본격적으로 시켜야 하나 고민이 생겼다. 논술 교육하는 친구에게 그 이야기를 하자 아이가 '한글 가르쳐주세요. 나는 준비가 됐어요'라는 신호를 계속 보내고 있는데 엄마가 무시하는 거라며, 아이가 배우고 싶어 할 때가 교육의 적기라고 조언했다. 마침, 아이도 한글 공부 책을 보고 싶다고 해서 여러 책 중에 〈기적의 한글 학습〉 시리즈를 안겨 주었다. 공부는 온전히 아이가 주도하도록 맡겼다. 아이가 하고 싶은 만큼만 하도록 했고, 아이가 공부를 시작하면 나는 옆에 앉아 책을 읽었다. 아이가 물어보는 질문에 답해주고 잘한다고 응원해주는 게 내 역할이었다.

책은 스티커를 붙이고 줄을 그어 연결하고, 동그라미를 치는 등의 쉬운 방법부터 시작해 차근차근 한글의 원리를 깨우치도록 구성되어 있었다. 아이는 책장을 넘기며 재미있는 부분만 찾아서 풀었다. 그러다 보니 모든 글자를 깨우치지는 못했다. 받침이 있는 어려운 글자는 여전히 읽지 못했다. 자유롭게 공부하도록 허용했기 때문에 받침 글자를 깨치지 못했어도 신경 쓰지 않았다. 받침 없는 글자만 읽어도 충분하다고 생각하고 한글 공부는 잊어버렸다. 나는 여전히 아이에게 매일 그림책을 읽어주며 3~5분 정도 책

제목으로 단어 연상 놀이를 계속했다. 그 덕분인지 아이는 몇 달이 지나지 않아 어느새 모든 받침 글자를 완벽히 깨우쳤다.

집에 한글 포스터 한 장 붙인 일 없었지만 아이는 놀이하듯 자연스럽게 한글을 익혔다. 돌아보면 한글 공부를 '해야 한다'가 아니라 '해도 된다'로, 아이에게 선택권을 준 것이 주효했다. 겪어보니 한글 교육에서 중요한 건 아이 연령보다 아이가 한글에 관심을 두는 타이밍을 파악하는 것이었다. 그런 의미에서도 그림책을 읽어주고 아이와 교감한 시간이 큰 도움이 되었다.

한글을 깨우쳤으니 읽기독립을 할 만한데도 아이는 그후로 오랫동안 책을 읽어달라고 했다. 주변에 같은 이유로 고민하는 엄마들이 적지 않다. 나는 아이에게 읽기독립을 재촉하지 않았다. 스스로 한글을 배우려고 한 것처럼, 언젠가 읽기독립을 하는 날도 자연스럽게 올 것이라고 믿고 기다렸다. 실제 아이는 자연스럽게 읽기독립을 했다.

그리고 그와 상관없이 나는 아이가 열 살이 넘은 지금까지도 하루 20분 이상 책을 읽어주려고 노력하고 있다. 많은 독서 전문가들은 엄마 아빠가 아이에게 소리 내어 책을 읽어주는 일은 가능한 오래 하는 것이 아이의 정서적 안정에 도움이 된다고 말한다. 그 말처럼, 아이와 책을 읽는 시간이 아이와 교감하는 소중한 시간임을 실감하는 까닭이다.

아이는 놀이하듯 자연스럽게 한글을 익혔다.

돌아보면 한글 공부를 '해야 한다'가 아니라 '해도 된다'로,

아이에게 선택권을 준 것이 주효했다.

02

놀이보다 즐거운 그림책 대화

독서 교육 전문가이자 베스트셀러 《공부머리 독서법》의 저자 최승필 작가는 그의 책에서 "영유아기 최고의 교육이 아이와 함께 즐겁게 놀고, 하루 한 번 그림책 읽어주기"라고 말한다.

그동안 읽은 책 중에서 어림잡아 백 권 이상이 '매일 그림책 읽어주기'의 중요성을 강조했다. 그런 이유로 나는 아이가 태어난 지 몇 주 되지 않았을 때부터 그림책을 읽어주기 시작했다. 처음에는 글이 없는 보드북을 보여주며 이야기를 지어서 들려주었다. 아이는 그런 나에게 옹알이로 열렬히 반응하곤 했다. 그렇게 시작된 그림책 읽기를 아이가 열 살이 된 지금까지도 지속하고 있다. 함께 그림책을 읽는 시간 동안 무엇보다 아이가 독서에 몰입하는 즐거움을 느낄 수 있도록 신경 썼다. 그림책 읽기를 학습 목적으로 접근하면 엄마는 아이가 읽은 책의 내용을 잘 기억하고 있는지 확인하고 싶은 충동을 느낀다. "동물이 몇 마리 나왔지?" "어떤 동물이 나왔지?" "네발로 걷는 동물은 뭐지?" "나무 위까지 올라갈 수 있는 동물은 뭐지?" 등 아이에게 쉼 없이 질문을 던진다. 아이에게 그림책을 읽어주면서 끊임없이 질문을 던지고 대답을 유도하는 방법은 아이가 책과 교감하는 걸 방해한다. 나는 아이에게 책 내용을 확인하는 질문보다는 그림책 대화를 시도했다.

그림책 대화를 하면서 아이가 책을 읽고 무엇을 느끼는지, 어떤 생각을 하는지에 중점을 두었다. 어느 날 권정생 작가의 《강아지똥》을 읽어주던 중이었다. 가뭄 때문에 고추가 말라 죽었는데도 자기 탓을 하는 흙덩이가 눈에 훅 들어오며 감정이입이 되었다. 육아하면서 느꼈던 죄책감이 생생하게 떠올랐고, 책을 읽어주고 나서 아이에게 그 이야기를 들려주었다. 그 대화가 계기가 되어 아이가 유치원에 다니면서 겪은 두려움, 그 깊은 속마음까지 듣게 되었다.

엄마 엄마는 고추를 잘 키우지 못하고 죽게 했다며 자기 탓하는 흙덩이의 말을 들으며 엄마 생각이 났어…. 너를 키우면서 조금이라도 문제가 있어 보이면 '내가 뭘 잘못했나 봐. 난 좋은 엄마가 아닌가 봐'라고 생각했거든.

아이 무슨 문제?

엄마 엄마 주변에서는 너만 유치원에 안 가려고 했어. 엄마가 읽은 책에는 엄마가 아이를 충분히 사랑해주면 유치원에 잘 다닌다고 쓰여 있었어. 그런데 네가 유치원에 안 가려고 하고 힘들어하니까 '내가 잘못 키웠나? 사랑이 부족했나? 내 잘못인가 봐.' 이런 생각 했어.

아이 그렇지 않아. 왜 가기 싫었는지 알아? 선생님이 억지로 엄마한테 떼어내서 유치원으로 안고 들어갈 때 감옥에 갇히는 느낌이 들었어. 그때는 내가 어려서 뿅 하고 귀신도 나타나고 뿅 하고 괴물도 나타날 거 같고 그랬어. 그래서 유치원에 들어가는 게 불안하고 무서울 때가 많았어.

그림책을 읽고 대화하면서 아이는 유치원 생활이 어땠는지 이야기했다. 《지각대장 존》을 읽고 이야기 나눌 때는 유치원에서 한 작은 실수로 아이가 느끼기에 가혹한 벌을 받아 억울했던 경험도 들려주었다. 자신의 경험 속에서 즐거웠던 일, 괴로웠던 일을 숨김없

그림책 대화는

아이의 정서적 발달을 돕는 한편

아이 마음을 볼 수 있는 가장 좋은 창이기도 하다.

이 이야기한 후에는 표정이 꽤 밝아져 있었다. 정서적 해방감을 맛본 것이다.

요즘은 어린이뿐만 아니라 청소년, 어른을 대상으로 한 '그림책 테라피' '그림책 심리 치유'와 같은 프로그램을 많이 접할 수 있다. 부담 없이 함께 읽을 수 있는 그림책을 매개로 이야기를 나누면 책 속 상황과 인물에 대한 동일시 현상이 나타나는데 그것이 '진짜' 내 얘기를 할 수 있게 도와준다. 마음 깊숙이 묻어둔 부정적 감정을 말로 정리하고 표현하면서 카타르시스를 느낀다. 가슴이 시원해진다. 특히 이야기를 들어주는 대상이 무조건적인 공감과 지지를 해주면 안전함을 느끼고, 서서히 부정적 기억에서 빠져나올 수 있게 된다. 인지 학습을 위한 최적의 모드인 '편안하고 안정된 마음'으로 초기화되는 것이다.

많은 전문가가 4차산업혁명 시대에 가장 중요한 것은 창의력, 사고력, 공감력, 관계력이라고 강조하는데, 그림책 대화야말로 그런 힘을 기를 수 있는 가장 좋은 방법이다. 그림책 대화는 아이의 정서적 발달을 돕는 한편 아이 마음을 볼 수 있는 가장 좋은 창이기도 하다. 또한 다른 사람의 입장에 서보면서 공감력을 키울 수 있고, 나라면 어떻게 문제를 해결할까를 고민하면서 창의력, 사고력을 키울 수 있다.

03

책 좋아하는 아이로 키우려면

7개 국어를 구사하는 조승연 씨는 작가이자 강연자로 활발히 활동하고 있다. 그가 대학교 2학년 때 출간한《공부의 기술》은 50만 부 이상 판매고를 올리며 베스트셀러에 등극한 바 있다. 그는 공부법 외에도 언어, 문학, 예술, 인문 등 다양한 분야의 책을 집필했는데 2020년 현재까지 출간한 책이 서른 권 가까이 된다.

그 엄마 이정숙 씨의 양육법이 궁금해서 책을 읽어본 적이 있다. KBS 아나운서 출신인 엄마 이정숙 씨도 여러 권의 책을 출간한 작가다. 그녀는 독서광이었다고 한다. 하지만 아이를 키울 때는 직장에 다녔기 때문에 책을 읽어줄 시간은 별로 없었단다. 대신 외할아버지가 아이들을 도맡아 키웠는데 놀아주는 방법을 몰라서 책만 읽어주었다는 것이다. 외할아버지는 어린 손주들을 옆에 앉히고 자신이 평소 즐겨 읽던 철학서를 소리 내 읽어주고 퀴즈를 내곤 했단다. 그렇게 유년 시절을 보낸 조승연 형제는 초등학교 입학 전부터 철학서도 스스로 읽기 시작했고, 그것이 공부의 재미로 이어졌다고 한다.

'어린아이들이 철학서를 읽어? 그게 가능해? 그 형제 모두 천재 아니야?' 놀라웠다. 나중에 알고 보니 《자녀 교육법》이라는 책으로 유명한 칼 비테도 비슷한 이야기를 한다. 칼 비테의 아들은 미숙아로 태어났는데 9세에 6개 국어를 자유롭게 구사하고, 10세에 대학에 입학하고, 13세에는 철학박사 학위까지 받았다. 칼 비테가 아들을 키운 배경에는 고전 읽기가 있었다고 한다.

나도 아이를 인문고전으로 키워야 하나 진지하게 고민했다. 천재로 태어나서 천재가 되는 것이 아니라 누구나 천재로 길러질 수 있다면 우리 아이도 그렇게 키워야 하는 것 아닌가 하고. 하지만 칼 비테나 조승연의 외조부처럼 아이에게 독서 환경을 완벽하게 조성해줄 엄두가 나지 않았다. 내 역량이 좀 더 뛰어나면 얼마나 좋을까 싶은 마음이 들기도 했다. 하지만 욕심을 내려놓고 '행복한 아이로 키우겠다'는 다짐을 기억했다. 조기교육으로 영재가 되기보다 즐거운 추억이 가득한 어린 시절을 선물해주고 싶었다.

철학책이나 인문고전을 읽히지는 못했지만, 아이가 어릴 때부터 매일 책을 읽어주었다. 2~3권, 많으면 5~6권은 매일 빠짐없이 읽어줬다. 영유아용 책은 글밥이 많지 않으니 다 읽어줘도 30분~1시간이면 충분했다. 도서관은 수시로 들락거렸다. 바깥 놀이 갔다가도 집에 돌아오는 길에는 도서관을 찍고 오는 식이었다. 그것도 30분 내외만 머물다 아이가 지루해하기 전에 얼른 나왔다. 내 아이는 책과 더불어 살고, 책을 좋아하지만, 책 바다에 빠진 적은 없는 상태로 유아기를 보냈다.

변화는 초등학교에 입학하면서 시작되었다. 그것도 아이 중심이 아닌 엄마 중심 독서 활동이 계기가 되었다. 나는 아이의 학교 적응을 돕기 위해 그림책 읽어주기 봉사활동을 시작했다. 1학년부터 6학년까지 전 학년을 돌며 매주 책을 읽어주는 일이었다. 활동을 위해 어린이도서연구회에도 가입하여 매주 그림책 공부를 했고, 그림책의 진가에 눈을 뜨게 되었다. 그때부터는 아이에게 읽어주기 위해서가 아니라 엄마인 내가 끌려서 그림책을 찾아 읽기 시작했다. 아이는 혼자 그림책에 푹 빠져 읽는 엄마를 보더니 슬그머니 다가와 자기가 고른 책을 혼자서 자주, 오랫동안 읽기 시작했다.

초등학교 1학년, 우리 아이의 실질적인 읽기 독립이 이루어진 시기다.

봉사활동을 하면서 나는 아이에게 종종 도움을 청했다. "엄마가 이번 주에 ○○학년 책 읽어주는 담당이야. 어떤 책을 읽어주면 아이들이 좋아할까? 추천 좀 해줄래?" 그러면 아이는 자신 있게 몇 권을 추천해주며 어떤 책이 왜 좋은지 이야기해주었다. 아이의 추천을 받아 읽어준 책은 대부분 다른 아이들의 반응도 좋았다. 봉사활동을 한 날이면 아이는 자기가 골라준 책이 어땠는지 다른 아이들의 반응을 알고 싶어 했다.

이때부터 아이는 글쓴이가 누구인지, 어떤 책을 썼는지, 그림 작가는 누구인지 등을 궁금해하기 시작했다. 관심 있는 작가 책은 모두 찾아 읽었고, 스토리와 그림도 더 집중해 보았다. 자기가 잘 이해하며 읽어야 다른 아이들에게 좋은 책을 추천할 수 있다고 생각하는 듯했다. 감명 깊은 책이 있으면 내게 꼭 소개해주고, 자신의 느낌과 생각을 적극적으로 들려주었다.

아이가 혼자서도 책을 읽는 시간이 점점 길어지더니 2~3시간 이상 한자리에 앉아서 책에 집중하는 모습을 종종 보이기 시작했다. 몇 달 동안은 하교 후 바깥 활동도 거의 하지 않고 책만 읽었다. 지나치게 독서에 몰입해서 걱정이 될 정도였다.

그림책과 동화책을 주로 읽던 아이가 어느 순간부터는 인문고전에 관심을 보이기 시작했다. 내가 인문고전을 읽은 게 계기가 되었다. 아이가 초등학교에 들어가면서 나도 내 공부를 하려고 서양 고전에 관한 수업을 들었다. 매주 두꺼운 서양 고전 완역본을 과제로 읽어야 했다. 어느 날 침대에 기대어 《위대한 유산》을 읽고 있었다. 옆에서 뒹굴뒹굴하다가 심심했는지 아이는 내가 읽는 책을 소리내 읽어달라고 부탁했다.

그림책과 달리 지루할 수 있을 텐데 괜찮겠냐 했지만 아이는 상관없다고 했다. 책에 관해 대략적인 소개를 해주고, 10페이지쯤 읽었다. 그 내용에 대해 아이가 이해하기 쉽게 풀어서 설명하고 이야기를 주고받았다. 그게 좋았는지 아이는 이후에도 몇 차례 더 읽어달라고 했다.

어느 날 책상에 앉아 독서를 하다가 아이가 뭐하나 궁금해 뒤돌아보았다. 레고 조립을 하고 있겠거니 짐작했던 아이는 500페이지 분량의 《위대한 유산》 완역본을 읽고 있었다. 깜짝 놀라 왜 그걸 읽고 있냐고 했더니 엄마가 읽어줬던 게 재미있어서 처음부터 끝까지 읽어보고 싶었다고 했다. 내용을 알고나 읽은 건가 싶어서 물어보니 줄거리를 줄줄 읊었다.

몇 주 후 아이는 또다시 450페이지 분량의 《로빈슨 크루소》 완역본을 앉은 자리에서 뚝딱 읽었다. 로빈슨 크루소가 무인도에서 자신의 힘으로 다양한 도구를 만들어 내는 장면에서 큰 재미를 느꼈다고 한다. 책 내용이 마음에 들었는지 《로빈슨 크루소》는 몇 차례 더 반복해 읽었다.

그 이후로도 계속 어려운 책을 읽을 줄 알았는데 한동안 주야장천 학습만화만 읽어댔다. 그러다 위인전, 과학책, 전래동화 등 가리지 않고 취향껏 읽었다. 본격적으로 인문고전을 읽히고 싶은 유혹에 흔들리기도 했지만, 아이의 자기 주도성을 흔들까 봐 간섭하지 않았다.

아이는 초등학교 3학년이 되면서부터 더 이상 어른 책, 아이 책 경계를 따지지 않고 자기 관심 분야에 따라 자유롭게 책을 선택해 읽고 있다. 나는 아이에게 도움이 될 만한 책들을 집 안 여기저기 눈에 띄는 곳에 늘어놓거나, "이런 책 어때?"라고 지나가는 말로 슬쩍 권하거나, "그 책 어떤 내용이야? 너무 읽고 싶은 책인데 엄마는 읽을 시간이 없어 아쉬워."라고 호소하기도 했다. 그러면 아이는 자기가 읽은 책 내용을 자세하게 들려주었다. 그에 대해서 이런저런 질문과 대답을 하다 보면 아이와 형식 없이 가벼운 독서 토론이 이루어지기도 했다.

가끔은 "엄마가 지금 너무 피곤한데, 엄마를 위해 책 좀 읽어줄 수 있어?"라며 낭독을 유도하기도 한다. 어떤 날은 아이가 너무 오

아이에게 책을 읽히기 위해서는

부모가 먼저 즐기는 것이 우선이었다.

아이 혼자 배우면 아이만 성장하지만,

부모가 배우면 부모와 아이 함께 성장할 수 있다.

랫동안 책을 읽어줘서 듣다가 지친 내가 화장실 핑계를 대며 살짝 방을 빠져 나왔다. 그러자 아이는 화장실 문 앞까지 따라와서 남은 분량을 마저 읽었다. 엄마에게 읽어주다가 자기가 푹 빠져들어 중간에 멈추고 싶지 않았던 거다.

경험해보니 아이에게 책을 읽히기 위해서는 부모가 먼저 즐기는 것이 우선이었다. 아이는 부모가 즐기는 것을 자연스레 따라 했다. 또 아이에게 유능감을 느끼게 해주는 전략이 효과가 좋다는 것도 실감했다. 아이에게 "책을 추천해 달라.", "엄마에게 읽어 달라."라고 부탁할 때 아이가 가장 능동적으로 참여했다.

독서의 즐거움을 알고, 제대로 즐길 수 있다면 아이에게 그 어떤 학벌, 배경보다 든든한 울타리가 평생 생긴다고 생각한다. 비싼 수강료 내고 유명한 논술, 토론학원 보낼 돈으로 엄마와 아빠의 공부에 투자해서 함께 나누면 일거양득이다. 아이 혼자 배우면 아이만 성장하지만, 부모가 배우면 부모와 아이 함께 성장할 수 있다.

실천하기

엄마와 아이가 함께 읽는 그림책 54

전문가들이 다수의 책과 신문에서 추천한 그림책 목록을 바탕으로 책을 골라 수년간 아이와 아이 친구들에게 읽어주었다. 매주 아이와 그림책 대화를 하면서, 또 아이 학교에서 그림책 읽어주기와 독서 토론 봉사활동을 하면서 가장 반응이 좋았던 그림책들을 소개한다.

1. 《지각대장 존》(존 버닝햄 글 · 그림, 비룡소)
2. 《언제까지나 너를 사랑해》(로버트 먼치 글 · 안토니 루이스 그림, 북뱅크)
3. 《당나귀 실베스터와 요술 조약돌》(윌리엄 스타이그 글 · 그림, 다산기획)
4. 《괴물들이 사는 나라》(모리스 샌닥 글 · 그림, 시공주니어)
5. 《강철 이빨》(클로드 부종 글 · 그림, 비룡소)
6. 《프레드릭》(레오 리오니 글 · 그림, 시공주니어)
7. 《강아지똥》(권정생 글 · 정승각 그림, 길벗어린이)
8. 《알사탕》(백희나 글 · 그림, 책읽는곰)
9. 《아기 오리들한테 길을 비켜주세요》(로버트 맥클로스키 글 · 그림, 시공주니어)
10. 《까마귀 소년》(야시마 타로 글 · 그림, 비룡소)
11. 《100만 번 산 고양이》(사노 요코 글 · 그림, 비룡소)
12. 《무지개 물고기》(마르쿠스 피스터 글 · 그림, 시공주니어)
13. 《아기 늑대 세 마리와 못된 돼지》(유진 트리비자스 글 · 헬린 옥슨버리 그림, 시공주니어)
14. 《천둥 케이크》(패트리샤 폴라코 글 · 그림, 시공주니어)
15. 《리디아의 정원》(사라 스튜어트 글 · 데이비드 스몰 그림, 시공주니어)
16. 《용감한 아이린》(윌리엄 스타이그 글 · 그림, 비룡소)

17. 《도서관에 간 사자》(미셸 누드슨 글 · 케빈 호크스 그림, 웅진주니어)

18. 《마녀 위니》(밸러리 토머스 글 · 코키 폴 그림, 비룡소)

19. 《두고 보자! 커다란 나무》(사노 요코 글 · 그림, 시공주니어)

20. 《내 귀는 짝짝이》(히도 반 헤네흐텐 글 · 그림, 웅진주니어)

21. 《사자가 작아졌어》(정성훈 글 · 그림, 비룡소)

22. 《감기 걸린 물고기》(박정섭 글 · 그림, 사계절)

23. 《치과 의사 드소토 선생님》(윌리엄 스타이그 글 · 그림, 비룡소)

24. 《블랙 독》(레비 핀폴드 글 · 그림, 북스토리아이)

25. 《고함쟁이 엄마》(유타 바우어 글 · 그림, 비룡소)

26. 《누가 내 머리에 똥 쌌어?》(베르너 홀츠바르트 글 · 볼프 예를브루흐 그림, 사계절)

27. 《세 강도》(토미 웅게러 글 · 그림, 시공주니어)

28. 《에드와르도》(존 버닝햄 글 · 그림, 비룡소)

29. 《구룬파 유치원》(니시우치 미나미 글 · 호리우치 세이치 그림, 한림출판사)

30. 《돼지책》(앤서니 브라운 글 · 그림, 웅진주니어)

31. 《검피 아저씨의 드라이브》(존 버닝햄 글 · 그림, 시공주니어)

32. 《악어오리 구지구지》(천즈위엔 글 · 그림, 예림당)

33. 《깃털 없는 기러기 보르카》(존 버닝햄 글 · 그림, 비룡소)

34. 《험버트의 아주 특별한 하루》(존 버닝햄 글 · 그림, 현북스)

35. 《으뜸 헤엄이》(레오 리오니 글 · 그림, 마루벌)

36. 《슈퍼 거북》(유설화 글 · 그림, 책읽는곰)

37. 《이름 짓기 좋아하는 할머니》(신시아 라일런트 글 · 캐드린 브라운 그림, 보물창고)

38. 《엄마 껌딱지》(카롤 피브 글 · 도로테 드 몽프레 그림, 한솔수북)

39. 《고 녀석 맛있겠다》(미야니시 타츠야 글 · 그림, 달리)

40. 《틀려도 괜찮아》(마키타 신지 글 · 하세가와 토모코 그림, 토토북)

41. 《너는 기적이야》(최숙희 글 · 그림, 책읽는곰)

42. 《100개의 달과 아기 공룡》(이덕화 글·그림, 스콜라)

43. 《내가 아빠를 얼마나 사랑하는지 아세요?》(샘 맥브래트니 글·아니타 제람 그림, 베틀북)

44. 《빨간 매미》(후쿠다 이와오 글·그림, 책읽는곰)

45. 《완벽한 아이 팔아요》(미카엘 에스코피에 글·마티외 모데 그림, 길벗스쿨)

46. 《문제가 생겼어요》(이보나 흐미엘레프스카 글·그림, 논장)

47. 《우리는 언제나 다시 만나》(윤여림 글·안녕달 그림, 위즈덤하우스)

48. 《오싹오싹 당근》(애런 레이놀즈 글·피터 브라운 그림, 주니어RHK)

49. 《화난 마음 안아주기》(쇼나 이시스 글·이리스 어고치 그림, 을파소)

50. 《수호의 하얀 말》(오츠카 유우조 그림, 한림출판사)

51. 《규칙이 있는 집》(맥 바넷 글·매트 마이어스 그림, 주니어RHK)

52. 《오른발 왼발》(토미 드 파올라 글·그림, 비룡소)

53. 《줄무늬가 생겼어요》(데이빗 섀논 글·그림, 비룡소)

54. 《겁쟁이 윌리》(앤서니 브라운 글·그림, 비룡소)

| 에필로그 |

완벽하지 않아도 괜찮아

은유 작가는 《쓰기의 말들》에서 전업맘 당시 자신을 '주부'라고 소개하고 싶지 않았다고 털어놓는다. 그는 가사를 평가 절하하는 사회적인 시선이 '주부'라는 이름을 남루하고 초라하게 만든다고 꼬집는다.

내 마음도 은유 작가와 크게 다르지 않았다. 내게 가장 중요한 가치인 '아이를 잘 키우는 일'을 하기 위해 온 마음을 다했지만 전업맘이라는 이유로 어쩐지 위축되고, 초라하게 느껴져서 자존감이 바닥을 치고는 했다.

아이를 잘 키우고 싶었던 만큼 이런저런 육아서를 읽고 강의를 들으며 '나는 왜 이것밖에 안 될까?' 하는 마음에 자괴감을 느끼기도 했다.

육아서 저자들은 '본투비 엄마'인가 싶을 정도로 능숙해보였다. 그들에게는 고민과 갈등도 없어 보였다. 그들과 달리 나는 육아를 통해 인생 최고의 행복감을 느꼈지만 '잘 하고 있는 거 맞나? 제대로 하고 있는 건가?' 시시때때로 불안했다. 현실의 평범한 엄마로서는 도저히 달성하기 어려운 기준과 기대치를 실현해보려고 용을 쓰다가 기진맥진하기 일쑤였다.

육아를 하며 기쁨, 행복, 만족감, 즐거움, 뿌듯함, 억울함, 외로움, 절망감, 답답함, 두려움을 고루 맛본 후에야 비로소 "나는 좋은 엄마야!"라고 당당하게 말하게 되었다. 아이에게 잘 해줘서, 똑똑하게 키워서 좋은 엄마가 아니라 아이 옆을 사랑하는 마음으로 지켜준 것만으로도 충분히 좋은 엄마라고 믿게 되었다. 전업맘이든 워킹맘이든, 얼마나 오랜 시간을 함께 보내든 아이를 마음의 중심에 두고 있는 한 모든 엄마는 좋은 엄마라고 생각한다.

엄마로 산다는 것은 정도의 차이는 있지만, 기본적으로 '나의 욕구'를 포기하는 데서 출발한다. '나만 알던 이기적인 사람'이 '아이를 위한 희생을 당연시하는 삶'을 살게 되었다는 것만으로도 기적 같은 변화다.

겉으로는 완벽해 보이는 엄마들이 사실은 얼마나 많은 번뇌를 벗 삼아 지내는지 알게 되면서 '완벽하지 않아도 괜찮아.'라고 생각하게 되었다. 아이를 행복하게 키우겠다며 욕심을 부리고 스스로를 들볶아대던 지난 시절의 나에게 "고생 많았다. 애썼다. 잘했다."라고 말해주고 싶다. 아무도 내게 해주지 않던 말, 하지만 너무도 듣고 싶었던 그 말을 내가 나에게 해주고 싶다.

'다독맘'의 10년 독서 압축 솔루션

내 아이를 위한 500권 육아 공부

1판 1쇄 발행 2020년 3월 25일
1판 2쇄 발행 2020년 5월 25일

지은이 우정숙

발행인 양원석 **편집장** 최혜진 **책임편집** 송보배
일러스트 소리여행 **디자인** 이재원, 김미선
영업마케팅 윤우성, 김유정, 정다은, 박소정

펴낸 곳 ㈜알에이치코리아
주소 서울시 금천구 가산디지털2로 53, 20층(가산동, 한라시그마밸리)
편집문의 02-6443-8893 **도서문의** 02-6443-8800
홈페이지 http://rhk.co.kr
등록 2004년 1월 15일 제2-3726호

ISBN 978-89-255-6923-9 (03590)